Ernst Günther

Wenn ich ein Vöglein wär...

Betrachtungen zum
Mensch-Tier-Verhältnis

IMPRESSUM

1. Auflage 2017
© Dr. Ernst Günther, 2017

ISBN 978-3-923757-19-0
EAN 9783923757190

Verlagsanschrift:
Verlag Media Natur, Hans-Josef Christ
Postfach 110205, D-32405 Minden
Zähringerallee 137, D-32425 Minden
info@media-natur.de | www.media-natur.com

Die Deutsche Nationalbibliothek verzeichnet diese Publikation in der Deutschen
National-bibliografie, detaillierte bibliografische Daten sind im Internet über
www.dnb.de abbrufbar

Satzbearbeitung und Layout: Dipl. Biol. Susanne Blomenkamp, Mainz

Druck und Verarbeitung: Druckerei Koch, Hans-Martin Koch, Reutlingen
Gedruckt in Deutschland | Printed in Germany | Imprimé en Allemagne

Titelbild: Königsfruchttaube (*Ptilinopus regina*), Paar mit Jungvogel   Foto: M. Kästner
Rückseitiges Foto: Ernst Günther

Für Susanne

Inhaltsverzeichnis

1. Vorrede

Der Umgang der Menschen mit den Tieren, denen, die wir wirtschaftlich nutzen wie jenen, die wir nur zu unserer Erbauung zu uns nehmen, ist gegenwärtig ein heiß diskutiertes Problem im gesellschaftlichen Alltag. Dabei stehen sich sehr weit auseinander gehende Auffassungen mehr oder weniger unversöhnlich bis feindselig gegenüber. Die wirtschaftliche Nutzung der Tiere für die menschliche Ernährung hat industrielle Formen angenommen und macht das Tier in nie da gewesener Weise zur nachwachsenden Ressource. Einwände des Tierschutzes gewinnen trotz Rückendeckung durch das Gesetz kaum Einfluß auf die erbarmungswürdigen Lebensbedingungen dieser Tiere Die Haltung exotischer Kleintiere wie Vögel, Reptilien, Amphibien, Fischen u. ä. hat sich mit dem Vorwurf auseinander zu setzen, am Artenrückgang in der Natur mitschuldig zu sein und den Tieren mit den Haltungsbedingungen „millionenfaches" Leid zuzufügen. Und die Halter haben ihren Kritikern nicht viel mehr als die Verteidigung des Status quo entgegen zu setzen.

In ihrer Unfähigkeit, sich für einander zu öffnen, das unter dem Druck der Entwicklungen in der Welt zunehmende Gemeinsame zu erkennen und aufeinander zuzugehen, feilschen sie allesamt, Industrie, Halterverbände, Tier- und Artenschutzorganisationen, um die Gunst des Gesetzgebers, der die Probleme tunlichst in ihrem Sinne regeln soll. Gelegentlich gelingt das, und dann kommen bruchstückhafte Reglementierungen irgendwelcher zufällig ausgewählter Vorgänge heraus, die das Problem nicht lösen, sondern nur immer weiter komplizieren.

Die ernsthafte Bedrohung der Lebensvielfalt auf unserer Erde verlangt aber dringend danach, die vornehmlich in den verschiedenen Verbänden und Organisationen institutionalisierte Denkweise und Argumentation zum Verhältnis von Haltung exotischer Tiere in Menschenobhut zum Schicksal der Arten in der Natur grundsätzlich zu erneuern, notwendigen Falls auch auf den Kopf zu stellen.

Die nachfolgenden sehr persönlichen „Betrachtungen" unternehmen deshalb den Versuch, den schwelenden Konflikt in einen Kontext zu stellen mit grundsätzlichen ethischen Fragen des Mensch-Tier- und Mensch-Natur-Verhältnisses und mit realen Entwicklungen in der Nutzung von Natur und Tierwelt durch den Menschen. Sie wollen dazu auffordern, einen Konsens aller an der Gestaltung dieses Dreiecksverhältnisses Mensch-Natur-Tier Beteiligten herbeizuführen, gemeinsame Ziele zu erkennen und Gruppeninteressen im Dienste höheren Allgemeingutes zurückzustellen.

Soweit auf konkrete Fälle der Haltung sonst wildlebender Tiere bezug genommen wird, handelt es sich ausschließlich um Vögel, weil dies ein lebenslanges Betätigungsfeld des Autors war. Die Kritik an zahlreichen realen Sachverhalten und menschlichen Einstellungen möge bitte als Aufforderung zum gemeinsamen Nachdenken verstanden werden.

Der Text erhebt nicht den Anspruch einer wissenschaftlichen Arbeit. Er folgt dem Bedürfnis, sich mit dem Wissen Anderer auseinander zu setzen und eine eigene Meinung zu begründen, bleibt aber stets offen für die weiterführende geistige Auseinandersetzung. Die Literaturangaben betreffen nur solche Quellen, die ausdrücklich zitiert werden oder in besonderer Weise als weiterführend empfunden werden. Sofern im Text unmittelbar auf Literaturstellen Bezug genommen wird, erfolgt ein Verweis darauf mit der fortlaufenden Nummer des Literaturverzeichnisses.

Dies ist ein Büchlein für die Vogelhaltung und Vogelzucht mit der dringlichen Aufforderung zu einer Erneuerung ihres Selbstverständnisses.

Ernst Günther

2. INTRODUKTION

Seitdem der Mensch Vögel (und andere sonst wild lebende Tiere) zu sich nimmt, um sich an ihnen zu erfreuen, begründet er das mit ästhetischem Empfinden, der Bewunderung für die Formen und Farben und Verhaltensweisen dieser Tiere, der Befriedigung seines Bedürfnisses nach Fürsorge für anderes Leben, seiner Freude am Erkenntnisgewinn durch das Zusammenleben mit den Tieren und das Beobachten der Tiere, - mit Freude jedenfalls und der Überzeugung, dem Tier damit nicht zu schaden, ihm womöglich zu einem besonders guten Leben zu verhelfen.

In diesem Motiv ist kein Gedanke daran, dem Tier zu schaden, und es fehlte dafür lange Zeit am notwendigen Wissen und noch länger an der Einsicht, dass so etwas wenigstens zu bedenken sei. Objektiv und vom Einzelnen eher verdrängt hat aber zu allen Zeiten auch das Bedürfnis, etwas zu besitzen, was die Anderen nicht haben, was den Einzelnen auszeichnet, weil er ja auch damit umgehen können muß, was einen schmückt, weil es exotisch ist, eine bedeutende Rolle als Motiv für die Haltung exotischer Tiere im unmittelbaren Lebensumfeld von Menschen gespielt. „Statussymbol" ist das – zugegebenermaßen etwas einseitige - Schlagwort für diese Erscheinung.

Seitdem aber am Anfang des 16. Jahrhunderts in einigen spanischen Klöstern mit der Kanarienzucht die Vogel"zucht" erfunden wurde, hat sich ein weiteres Motiv hinzugesellt, das Glanz und Elend der Vogelzucht über Jahrhunderte, namentlich die letzten 200 Jahre, gleichermaßen geprägt hat. Es entstand das Motiv des wirtschaftlichen Gewinns durch Fang, Vermehrung und Verkauf von Vögeln.

Das wirtschaftliche Motiv belebte von Anfang an neben dem Fang besonders die Rassenzucht, weil jede neue Form auf dem Markt erst einmal augenblicklichen Gewinn brachte und bis heute bringt. Es entstanden Farben- und Positurkanarien und später unzählige Zuchtformen anderer Spezies. Die Handelspraktiken, die diesen Prozeß begleiteten, belegen recht deutlich, dass das ästhetische Motiv für Vogelzucht alsbald im Dienste des wirtschaftlichen stand. Wirtschaftliche Motive beförderten aber auch die Einführung immer neuer Arten in die Haltung und die Massenimporte an Vögeln in der zweiten Hälfte des 19. Jahrhunderts und nach dem Zweiten Weltkrieg, und sie sind am Ende wohl der einzige Grund für die massenhafte Produktion von Vögeln für den „Markt", der heute längst nicht mehr nur der Vogelmarkt ist, sondern auch der Lebensmittelmarkt (Fasanen, Steinhühner, Wachteln....)

Das öffentliche Bild der „Vogelzucht"- der Begriff umfasst im Alltagssprachgebrauch recht undifferenziert alle verschiedenen Formen der Haltung von Vögeln mit und ohne die Absicht ihrer Vermehrung - ist besetzt mit dem Wellensittich, dem Kanarienvogel, dem Graupapageien und einigen wenigen weiteren Papageienartigen, vielleicht noch mit Zeißig oder Dompfaff als Vertreter der heimischen Vogelwelt, die vom Menschen gehalten werden und lässt von den ihm innewohnenden Konflikten nichts ahnen. Vogelzucht im tatsächlichen Sinne des Wortes ist aber die züchterische Erzeugung von neuen Formen oder von Individuen bereits geschaffener Formen mit größtmöglicher Annäherung der äußeren Eigenschaften an vorgegebene Normen, die in Standards festgelegt sind. Sie pflegt einen Wettbewerb um besondere Zuchtformen, die bei Ausstellungen und Meisterschaften willkürlichen menschlichen Urteilen unterworfen werden mit dem einzigen Ziel, ihren Erzeugern Pokale, Meistertitel, Ansehen im inneren Kreise Gleichgesinnter und ordentliche Verkaufspreise einzubringen. Nicht wenige nennen das, was sie da tun, noch heute „Sport".

In diesem modernen Gebaren der Vogelzucht sind die schönen Urmotive Naturinteresse, Respekt vor der Schöpfung oder der Evolution, Bewunderung, Liebe, Freude, Dankbarkeit, die allesamt die Achtung und Verantwortung gegenüber dem Vogel einschließen, für viele, allzu viele der Beteiligten hinter sehr praktische und gegenständliche Interessen zurückgetreten. Der Vogel ist diesem – in den traditionellen Züchtervereinigungen dominierenden – Teil der Vogelzüchter zum reinen Objekt gestalterischer Phantasie, ideeller und materieller Begierden geworden. „Erfolg" ist das Ziel allen züchterischen Strebens, und Erfolg bedeutet im „sportlichen" Sinne gute Platzierungen bei Zuchtwettbewerben und im existenziellen Sinne ertragsgünstigen Verkauf eigener Vögel. Dieser Zweig der Vogelzucht ist seinem Ursprung „Natur" längst hoffnungslos entfremdet, was nicht nur für das äußere Erscheinungsbild der Zuchtformen, sondern in besonderem Maße auf ihre Anpassung an naturferne Haltungsformen zutrifft. Das ist dann „Domestikation", und da diese nicht mit negativen Urteilen besetzt ist, gibt es auch keine Fragen dazu.

Schade nur, dass immer mehr Menschen den Wellensittich für einen blauen oder gelben Vogel halten und das unscheinbare Vögelchen, das ihnen – leider ein seltener Zufall – beim Urlaub auf Teneriffa durchs Gesichtsfeld huscht, als Urform der Kanarienvögel nicht zu erkennen vermögen, die nach ihrer Erfahrung doch gelb oder rot aussehen. Erpel der Mandarinente oder die verschiedenen Farbmorphen der Gouldamadine, beides reine Farbor-

gien der Schöpfung, erscheinen als Werk der Vogelzucht nun in weiß oder besser weißlich und unzähligen Grautönen, die Hälfte aller in Menschenobhut gepflegten Papageienarten, mehr als ein Viertel der bunten Prachtfinken und unzählige andere Arten sind durch die Vogelzucht im engeren Sinne des Wortes verändert, entstellt und ihrer Zugehörigkeit zur natürlichen Vogelwelt benommen.

Was die Vogelzucht der Öffentlichkeit als Ausschnitt aus der Vogelwelt anbietet, das sind lauter „lila Kühe", die mit ihrer trügerischen Buntheit ein Bild von der züchterischen Phantasie ihrer Besitzer, nicht aber von der tatsächlichen natürlichen Lebensvielfalt auf der Erde vermitteln.

Es kann eigentlich nicht überraschen, dass dieses traditionsstarre Bild der Vogelzucht zunehmend in Konflikt gerät mit modernen Erkenntnissen des Tier- und Artenschutzes, besonders aber mit aktuellen Strömungen der Tierethik. Erstaunlicher Weise macht sich die Kritik aber fast ausschließlich an solchen Dingen fest wie Käfig- oder Gehegegrößen, Ausstellungen, Qualzuchten, Handelsformen und ähnlichen praktischen und teilweise formalen Dingen. Der Grundsatz der züchterischen Veränderung der Vögel dagegen, der nichts anderes ist, als Verbrauch natürlicher Geschöpfe für menschliche Spielinteressen, wird praktisch nicht in Frage gestellt, auch nicht vom Artenschutz, der noch immer glaubt, seiner selbstbestimmten Pflicht mit dem Verbot von Naturentnahmen nachzukommen, was sich als schwerwiegender Irrtum erweisen könnte. Natur-, Tier- und Artenschützer fordern Restriktionen oder gar Verbote und der Gesetzgeber schafft Vorschriften und Normen für die Vogelzucht, die oft dem lautesten Rufer folgen und deshalb pragmatisch bleiben und allzu oft am Wesen der Sache vorbeigehen.

Die Vogelzüchter fühlen sich reglementiert, ihr Protest aber ist wirkungslos, und so weit er nur auf die Erhaltung des Status quo gerichtet ist, hat er auch kein besseres Schicksal verdient.

Warum kommt keiner von ihnen und in Sonderheit von ihren Interessenvertretern in den Vereinen und Verbänden auf den Gedanken, selbst etwas zu ändern? Weitere Gesetze und Rechtsvorschriften zur Vogelzucht, die natürlich auch keiner will, auf die es aber hinauslaufen wird, wenn sich die Vogelzucht weiter im Konflikt hält mit den Werten, die sich die Gesellschaft setzt, können am Ende nur Grenzen und damit Reibeflächen setzen und in letzter Konsequenz die Vogelzucht zu einem Gegenstand staatlicher Verwaltung machen.

Aber das alltägliche „Innenleben" der Vogelzucht, das, was sich jeden Tag in Tausenden von Volieren und Zuchteinrichtungen an Leben abspielt, kann Gesetzgebung nicht regeln. Das ist grundsätzlich und überall so. Man vergleiche nur, ob z. B. angesichts der umfangreichen Familiengesetzgebung in Deutschland eine einzige von den Millionen Familien auch nur einen einzigen Tag im Jahr unter Berufung auf ein Gesetz gestaltet. Nein, das läuft ab nach Brauch, nach Sittlichkeit, nach Regeln, die hier keinen Namen bekommen müssen, die aber sämtlich ihrem Wesen nach moralische (sittliche) Regeln sind, über die nachzudenken, die zu erforschen und bewusst zu gestalten Aufgabe der Ethik ist. Moralische Regeln, nach denen Menschen ihr Leben gestalten, reflektieren, was im gesellschaftlichen Konsens als „gut" gilt, spezifiziert durch persönliche Wertsetzungen des Einzelnen. Aber auch, wenn sie viel Raum für Selbstbestimmtes lassen, so sind sie ihrem Wesen nach gerichtet auf die Gestaltung des Verhältnisses des Einzelnen zum Anderen, zur Gemeinschaft oder zur Gesellschaft. Ob sich

einer an die Nase fasst, das ist keine moralische Frage, wenn er das aber einem anderen antut, ist das schon eine, und zwar nicht nur im Sinne des erhobenen Zeigefingers guter Erziehung, sondern im Sinne der allgemein anerkannten moralischen Werte Integrität, Würde, Respekt und anderer, mit deren Beachtung oder Verletzung jeder seine Stellung in einer moralischen Gemeinschaft gestaltet.

Deshalb braucht auch Vogelhaltung ein moralisches Gerüst, das nicht nur ihr Innenleben trägt, sondern auch ihre Stellung in der Gesellschaft.

Die Werte, an denen moralisches Handeln sich orientiert und an denen es umgekehrt auch gemessen wird, sind wandelbar in der Zeit und durch die realen Lebensumstände der Menschen, aber sie sind nicht beliebig!

In unserer Zeit, da solche Grundwerte wie Leben, Gesundheit, persönliche Freiheit nicht mehr in Frage stehen, orientiert sich unsere moralische Bestimmtheit immer stärker an kulturellen und sozialen Werten. Hierher gehört auch die Bestimmung unseres Verhältnisses zu Natur und nicht menschlichem Leben, das vor hundert Jahren nur wenigen des Nachdenkens wert war. Heute, da die Gier der verdreifachten Menschheit die Natur global bedroht und sich dabei im Schoße der Kultur unserer Zeit weiß, ist die Verteidigung und Bewahrung der Natur in allen ihren Gliedern ein hoher moralischer Wert geworden, der die Maximen unseres Handelns, die vor hundert Jahren galten, grundlegend verändert.

Und das Tier als Einzelwesen hat noch vor hundert Jahren im Alltag den ausschließlichen Rang einer Sache gehabt. Bis heute ist das nicht ganz überwunden, aber die Wesenhaftigkeit der Tiere, ihr moralischer Eigenwert sind unbeschadet theoretischer und praktischer Zänkereien kein Tabu moralischen Nachdenkens mehr und betun sich als nagender Zweifel in der Brust vieler Tierhalter. Die Wertsetzung zum menschlichen Handeln gegenüber dem Tier befindet sich in einem tiefen Wandel. Dinge, zu denen den Menschen vor hundert Jahren gar keine Frage eingefallen wäre, sind fragwürdig geworden, und nicht alle werden überleben, und Dinge, die einst unmöglich schienen, sind heute Realität und setzen sich mit Althergebrachtem erfolgreich auseinander, - oder auch weniger erfolgreich! Und was macht die Vogelzucht? Sie behütet die Asche ihrer Tradition!

Angesichts der geradezu unfassbaren naturwissenschaftlichen, technischen, wirtschaftlichen und soziokulturellen Entwicklung, die die Menschheit in den letzten 100 Jahren gerade auch in unseren Breiten durchlaufen hat, muß das Beharrungsvermögen, mit dem Vogelzucht an ihren Gewohnheiten und Regeln festhält, als Anachronismus erscheinen. Der in unzähligen Variationen gesprochene und geschriebene Satz „Das haben wir schon immer so gemacht", der nichts anderes sagt, als dass das Bisherige allein deshalb gut sei, weil es sich für die Realisierung der Interessen der Vogelzucht im inneren Kreise bewährt hat, zementiert einen Zustand und setzt sich damit in Widerspruch zur Realität, die nun einmal Bewegung und Entwicklung ist, namentlich auch Zugewinn an Erkenntnis und Entstehung neuer (moralischer) Wertvorstellungen.

Die Notwendigkeit und Dringlichkeit von Veränderungen in der Vogelzucht reduziert sich nicht auf die althergebrachten Haltungsbedingungen und sonstigen Umgangsformen, auch nicht auf die so sorgfältig konservierten fragwürdigen Schönheitsideale einschließlich der Schönheitswettbewerbe in Gestalt von Vogelschauen und Meisterschaften.

Nein, es geht um die über allem stehende „Selbstverständlichkeit", dass der Vogel dazu da ist, dass der Mensch mit ihm tue, was immer er will. Die Macht, die der Mensch über Vögel und andere Tiere hat oder haben kann, darf nicht länger selbstverständliche Rechtfertigung für Willkür sein. Aus nahe liegenden Gründen fragt niemand einen Vogel, ob er in menschlicher Obhut leben möchte oder einen grünen Vogel, ob er lieber gelb aussehen möchte, aber aus der Unmöglichkeit dieser Frage die Antwort abzuleiten, dass es ihm „egal" sei, also frei in unserer Hand liege, das ist eine Willkürantwort, deren Zielgebundenheit auf der Hand liegt und die eben darum dringend ethisch hinterfragt werden sollte.

Und so neu ist dieser Gedanke nun auch wieder nicht. Zu allen Zeiten und bis heute standen und stehen viele Menschen, die Vögel halten und vermehren, außerhalb des „main streams" der Vogelzucht und pflegen Vögel so, wie sie die Natur ihnen schenkt mit der Vision, sie glücklich zu machen. Mehr und mehr, gewollt oder ungewollt, geraten diese Vogelhalter in die Rolle von Bewahrern eines hohen Gutes, weil immer mehr Arten durch die gnadenlose Expansion des Menschen in die Gefahr geraten, in ihrem angestammten Lebensraum nicht zu überleben, während sie in menschlicher Obhut über viele Generationen erhalten und als Naturerbe bewahrt werden können. Die zoologischen Einrichtungen, die offizielle Träger der Arterhaltung in menschlicher Obhut sind, vermögen das für die zunehmende Anzahl von Arten, die diese Hilfe brauchen und wegen der Größe der Individuenzahlen, die für naturnahe Arterhaltung erforderlich sind, allein nicht zu leisten. Wenn aber private Vogelhaltung das leisten kann und will, dann besteht geradezu ein moralischer Imperativ, es auch zu tun.

Am Beginn des 21. Jahrhunderts nun treten Menschen, die sich mit Vogelhaltung der Natur und der Erhaltung der Artenvielfalt verpflichten, mehr und mehr aus der Anonymität heraus und finden sich zusammen zu gemeinsamem Handeln. Sie stellen dem traditionellen Selbstverständnis der Vogelzucht, das von den traditionellen Vogelzüchterverbänden gepflegt wird, ein neues Ideal zur Seite, das von manchen schlechthin als ihr Gegenteil empfunden werden mag, sich selbst aber als Bereicherung des uralten Kulturgebarens „Vogelhaltung und Vogelzucht" versteht. Sie zu ermutigen und ihre moralischen Intensionen ins Gedächtnis der Öffentlichkeit zu rufen, ist die Absicht dieses Büchleins.

3. Gedanken zur Tierethik

Tierhaltung ist nicht der Beginn der Mensch -Tier-Beziehung. Vielmehr hat sich der Mensch vom frühesten Anfang seiner Entwicklung an unter naturgesetzlichem Zwang mit dem Tier auseinander gesetzt, als Konkurrent im gemeinsamen Lebensraum, als Fressfeind, als Nahrung und Lieferant weiterer verwertbarer Materialien, über Jahrhunderttausende stets als Nutzer und gelegentlich auch als Verlierer im Überlebenskampf in einem gemeinsamen Lebensraum.

Mit der Entwicklung der Haustierhaltung, dem vom Menschen organisierten Nebeneinander von Mensch und Tier auf begrenztem Raum und über längere Zeiträume änderte sich das Verhältnis zum Tier. Es wurde Gegenstand von Regeln, die sich der Mensch für den Umgang mit seinem Eigentum schuf, wozu auch die Haustiere gehörten. Das waren ihrer Natur nach zunächst moralische, also aus dem das menschliche Zusammenleben bestimmende Wertesystem abgeleitete Regeln, die als freiwillig anerkannter Kodex das sittliche Gerüst des gesellschaftlichen Zusammenlebens bildeten, bis sie im ältesten uns bekannten Gesetzestext, der berühmten Gesetzesstele des Hammurapi (1728 – 1686 v.Chr.) in Babylon erstmals in den Rang geltenden Rechts erhoben und schriftlich fixiert wurden. Sie hatten noch nichts mit unseren Überlegungen zum Mensch-Tier-Verhältnis zu tun, aber sie markieren den Eintritt des Tieres in das menschliche Normendenken.

Von da an finden sich in der kulturellen Hinterlassenschaft der Zeiten unregelmäßig, teilweise in großen zeitlichen Abständen und mehr oder weniger unabhängig voneinander Hinweise darauf, wie der Mensch das Tier in seinem Umfeld gesehen hat und behandeln zu

sollen glaubte. Dabei ging es fast ausschließlich um das Tier in seiner Nähe, das „Haustier", (eingeschlossen der Hund), das der Mensch seit der Jungsteinzeit kannte. Tierhaltung jenseits des Ernährungszwecks für ausschließlich „kulturelle" (anfangs überwiegend kultische) Zwecke begann wahrscheinlich erst 1000 Jahre v.Chr. oder wenig früher mit der möglicherweise zunächst zu Kultzwecken geübten Haltung von Sittichen in Indien, wozu keine Regelwerke hinterlassen sind.

Verschiedene Hinweise in der Bibel zeigen, dass der Umgang mit Tieren spätestens um das 14. vorchristliche Jahrhundert Eingang in das umfassende christliche Sittengesetz des Alten Testaments fand. Hier findet sich auch bereits die Idee, daß man Tieren in bestimmten Situationen helfen solle. (z. B. V. Buch Moses, Kap. 22, Vers 4: *Wenn Du Deines Bruders Esel oder Ochsen siehest fallen auf dem Wege, so sollst Du Dich nicht von ihm entziehen, sondern sollst ihm aufhelfen.*)

In der großen Zeit der klassischen griechischen Philosophie (etwa 500 v. Chr. bis 100 n. Chr.), in der die Philosophie selbst (und als Teil von ihr die Ethik) und die Naturwissenschaften geboren wurden, hat z. B. Aristoteles den Tieren eine Seele zugestanden, wenn auch eine etwas unvollkommenere. Das hat damit zu tun, dass er Seele und die Eigenschaft „Leben" in engster Verknüpfung miteinander sah, so dass konsequenter Weise Pflanzen die niederste Form einer Seele besaßen und der Mensch die höchste, deren besonderes Merkmal die Vernunft sein sollte. Das zwischen beiden stehend Tier sollte sich von der Pflanze durch seine Fähigkeit zu empfinden abheben, gegenüber dem Menschen durch das Fehlen von Vernunft abgegrenzt sein. Das markiert, unabhängig davon, wie der heutige Mensch zu „Seele" stehen mag, die Möglichkeit eines Zugangs zur Erkenntnis der Wesenhaftigkeit der Tiere.

Aristoteles selbst hat daraus keine Konsequenzen gezogen etwa dergestalt, dass er Menschen besondere Rücksichten auf Tiere auferlegt hätte, wohl aber einer seiner Schüler mit Namen *Theophrast (etwa 370 bis 285 v.Chr.)*, der sich unter Hinweis auf die Leidensfähigkeit von Tieren gegen die damals üblichen religiösen Tieropfer wandte. Eine „Lehre", die in die Zukunft gewirkt hätte, ist daraus aber nicht geworden.

Gleiches Schicksal erfuhren die Gedanken des Philosophen Plutarch (45 – 125 n. Chr.), der Tiere generell für leidensfähig hielt und daraus die Menschenpflicht ableitete, ihnen eben dieses Leid nicht zuzufügen (auch nicht für den Zweck, sie zu essen).

Man muß es für die damalige Zeit als großen Fortschritt ansehen, dass das Tier im Römischen Reich zur Sache erklärt wurde, - auch wenn wir das heute gerne wieder abschaffen würden. Vorher war es gar nichts, jetzt wurde es Gegenstand menschlicher Regeln, ein Sachwert von öffentlichem Interesse. Den Tieren selbst brachte das wenig bis nichts, wie die grausamen Misshandlungen im Umfeld der Gladiatorenwettkämpfe belegen, aber es markiert den menschlichen Erkenntnisweg hin zu der Einsicht, dass etwas, das man in Besitz nimmt, auch eintritt in den Kreis menschlicher Lebensregeln. So weit war eigentlich Hammurapi 2.000 Jahre vorher auch schon, aber seine Gesetzesstele ist erst einmal im Staub der Geschichte versunken und hat dort bis ins 20. Jahrhundert geschlummert, von einer Kontinuität hin zu Römischen Gesetzgebung ist nichts bekannt. Aber die römische Gesetzgebung war vor allem um ein Vielfaches reifer. Rom hatte sich schon um 450 v. Ch. eine erstes

Gesetzeswerk geschaffen (Zwölftafel-Gesetz) und im 3. vorchristlichen Jahrhundert ein Strafrecht, zu einer Zeit also, da noch niemand von Rom redete und alles noch vom Geist der griechischen Antike erfüllt schien. Jedenfalls lässt uns unser Schulwissen diesen Eindruck haben.

Auch Rom ging unter, und bis ans Ende des Mittelalters gab es keine allgemein gültigen Fortschritte in der Definition der Mensch-Tier-Beziehung. Immerhin wissen wir, dass es im 10. bis 12. Jahrhundert weitab von Europa in China während der Sung-Dynastie eine Tierethik gab, die weit über das Mitleid mit dem Tier hinausging und verlangte, Tiere nach dem Prinzip zu behandeln, dass alle Geschöpfe des „Himmels" gleich seien. (40) Sie blieb philosophisch, wurde nie praktizierte Ethik. („Geschöpfe des Himmels" beziehen sich natürlich nicht auf die christliche Schöpfungsgeschichte, die Wortwahl ist wohl rein zufällig).

Auch Franziskus von Assisi, der Heilige Franziskus (1181–1226) blieb mit seiner Verehrung der göttlichen Schöpfung, die allem Leben, also auch den Tieren galt (erinnert sei z.B. an die Legende von der Vogelpredigt) historisch eher Gegenstand von Bewunderung (oder Spott) und weniger von Nachahmung.

Und gegen Ende des Mittelalters hat Rene Descartes (1596–1650) gar alle Lebewesen als vollendete Maschinen deklariert, in denen für Seele, Gefühle und Wesenhaftigkeit und somit auch für Ethik kaum Platz sein konnte

Mit der „Aufklärung", der Zeit vom 17. bis zum Anfang des 19. Jahrhunderts, änderte sich die Sicht des Menschen auf sich selbst und auf die Welt grundlegend, und bis hierhin reicht heutiges tierethisches Gedankengut zurück. Bezeichnenderweise waren es wohl in erster Linie Misshandlungen von Tieren, die Kritiker aus der Geisteswelt auf den Plan riefen, und bis heute erscheint uns als Gegenstand der Tierethik fast durchweg der Tierschutz. Das ist historisch verständlich und kann soweit nicht falsch sein. Tierethik aber mit Tierschutz gleichzustellen und damit als erschöpfend definiert anzusehen, das kann heute nicht mehr richtig sein.

Heute sind unzählige Lebensformen mit dem Individualschutz, den Tierschutz leistet, nicht mehr zu retten. Eine Ethik der Mensch-Tier-Beziehung, die eine Ethik menschlicher Verantwortung sein muß, weil nahezu alle existenzielle Bedrohung der irdischen Lebensvielfalt vom Menschen ausgeht, muß sich über das im Individuum vergegenständlichte Leben hinaus auf die Bedingungen des Lebens erstrecken, die der Mensch verändert, sie muß auch zugleich Naturethik sein. Das hat die Aufklärung noch nicht leisten können, es soll aber bereits an dieser Stelle klargestellt sein, wohin die Entwicklung zwingend führen muß, wenn Ethik den Menschen helfen soll, ihre moralische Verantwortung in ganzer Breite und Tiefe zu erkennen und ihr gerecht zu werden.

Der große deutsche Moralphilosoph Emanuel Kant (1724–1804), dessen Wirken ins letzte Drittel der „Aufklärung" fällt, sah das Verhältnis des Menschen zum Tier als Teil seines allgemeinen Sittengesetzes, das in dem bekannten „kategorischen Imperativ" gipfelt: „Handle stets so, dass die Maximen deines Handelns auch die Grundzüge einer allgemeinen Gesetzgebung sein könnten". (nicht wörtlich!). Die Bedeutung dieses viel zitierten Satzes kann nicht hoch genug gewürdigt werden. Er gibt der Ethik einen neuen Sinn. Seit Aristoteles galt als Ziel ethischen Bestrebens der ethische Mensch, seine Eudämonie, die ausgleichende Mitte in der differenzierten Vielfalt der Anforderungen des Lebens. Mit Kant wird der ethische Mensch nicht mehr Ziel, sondern Voraussetzung für ethisches

Handeln. Im kategorischen Imperativ Kants lebt Verantwortung für das Große und Ganze, das Gemeinwohl in seiner allgemeinsten Form. Ein Mensch ist hiernach nur dann gut, wenn sein Handeln das Gemeinwohl fördert oder wenigstens nicht verletzt. Was das Verhältnis zum Tier angeht, so bedeutete das für ihn, dass der Mensch seine eigene Würde verletzt, wenn er Tieren Leid zufügt. Er stellte also das Tierwohl unter den Schutz der Menschenwürde, als selbstständigen Gegenstand der Moral sah er das Tier aber nicht, weil es keine Vernunft habe. (Darin steckt das Grundproblem der Projektion moralischen Denkens auf die Mensch-Tier-Beziehung, das z. B. in der Tierrechtediskussion das Tier als moralisches Subjekt definieren müsste, und nicht wirklich kann! Wir kommen später darauf zurück)

Die moderne philosophische Ethik hat diesen Standpunkt Kants „überwunden", sie misst den Tieren Eigenwert zu und damit den Anspruch, um ihrer selbst willen geschützt zu werden. So weit, so gut. Allein, die Art und Weise, wie heute im Namen der Menschheit von einigen Menschen mit Tieren umgegangen wird, beispielsweise in der Massentierhaltung, das verletzt bzw. hintergeht gleichwohl die Würde des Menschen, der so nicht sein will, gleichviel, ob Tieren ein Eigenwert zukommt oder nicht. Aber es gibt keinen sittlichen Konsens mehr, aus dem ein sittliches Regulativ erwachsen könnte, das die stillschweigende gesellschaftliche Akzeptanz des Missbrauchs von Tieren unmöglich machte. Sittlichkeit befindet sich am Anfang des dritten Jahrtausends in allen entwickelten Ländern unseres Kontinents in einem tiefen Wandel, den man gelegentlich durchaus auch als Auflösung empfinden kann. (Der sittliche Anspruch Kants steckt übrigens auch in dem einst weit verbreiteten Erziehungssatz „So etwas macht man nicht", der heute aus dem Erziehungssprachgebrauch gestrichen ist oder in dem Lehrsatz „Was du nicht willst, dass man dir tu, das füg auch keinem andern zu", der auch bestenfalls noch in Kindergärten gilt. Dabei könnten solch einfache Regeln angesichts der vielen Grenzüberschreitungen in der Mensch-Tier-Beziehung, die auch die Vogelzucht erheblich belasten, so hilfreich sein.)

Und das Kant'sche Ideal hat unversehens eine starke Stütze gefunden. Papst Franziskus hat in seiner Umwelt-Enzyklika Laudato si vom Mai 2015 festgestellt: *Jede Grausamkeit gegenüber irgend einem Geschöpf widerspricht der Würde des Menschen*. (29). Das ist nun allerdings nicht allzu überraschend, da die christliche Ethik die Hierarchie der göttlichen Schöpfung zur Grundlage hat, als deren Krone sie den Menschen sieht, dessen Selbstverständnis auch sein Verhältnis zu den Mitgeschöpfen bestimmt.

Im 19. Jahrhundert schließlich führten die Tierethik-Diskussionen, die es in vielen europäischen Ländern gab, zur Entstehung der Tierschutzbewegung. In Deutschland leistete besonders Arthur Schopenhauer (1788–1860) dazu einen wirksamen theoretischen (und praktischen) Beitrag, in Sonderheit mit seiner Preisschrift „Über die Grundlagen der Moral" von 1842. Er rückte das Wohlverhalten gegenüber Tieren in das Menschenbild, indem er die als selbstverständlich geltende „gänzliche Verschiedenheit von Mensch und Tier" anzweifelte und den Standpunkt vertrat, dass jemand, der Tieren Leid zufügt, kein guter Mensch sein könne. Er begründete seinen Standpunkt allerdings nicht rational naturwissenschaftlich, sondern für ihn war Mitleid, also irrationales menschliches Empfinden, die einzige Grundlage von Moral, insofern ist seine Ethik eine Mitleidsethik, die im Grunde bis heute die tragende Idee des Tierschutzes ist.

Die erste Tierschutzorganisation wurde allerdings in England im Jahre 1822 gegründet unter dem Einfluß des Philosophen Jeremy Bentham (1748–1832), des Begründers des Utilitarismus, einer bei weitem nicht nur und auch nicht in erster Linie für die Mensch-Tier-Beziehung entwickelte „Ethik des höchsten Glücks für die größte Anzahl", die sich nicht generell durchgesetzt hat, aber noch immer Einfluß auf die Tierethik-Diskussion hat und unter deren Einfluß z. B. einer der führenden aktuellen Tierethiker, Peter Singer, steht. (42) Bentham führte den sogenannten „Pathozentrismus" in die Ethik ein, der beschreibt, dass das Leid eines Lebewesens Auslöser ethischen Denkens und Handelns ist, wovon, wie gesehen, auch Schopenhauer bestimmt war.

Der erste deutsche Tierschutzverein entstand 1837 in Stuttgart. Ihm folgten bald viele weitere, die sich dann 1881 zu einem Dachverband zusammenschlossen, der bis heute als „Deutscher Tierschutzbund" besteht und bedeutenden gesellschaftlichen Einfluß ausübt. Der Tierschutz ist überall in der Welt getragen von der Mitleidsethik, einer Ethik der Fürsorge. Diese Mitleidsethik hat, wie wir gesehen haben, ihre Wurzeln tief in der Kulturgeschichte der Menschheit, wo, zunächst episodisch, das Unbehagen der Menschen im Angesicht der Behandlung der Tiere seinen Anfang nahm. Ihre Berechtigung, ja ihre verpflichtende Existenz ist unzweifelhaft. Aber es gibt nun neue Zugänge zu einer kritischen Betrachtung und Gestaltung des Mensch-Tier-Verhältnisses, die zwar die Mitleidsethik nicht relativieren oder gar ersetzen, aber ihrem Wesen nach viel grundsätzlicher und vor allem rationaler zu sein versuchen.

In den 70er Jahren des 20. Jahrhunderts begannen amerikanische Wissenschaftler, sich an der Einsicht zu stören, dass alle historischen und aktuellen Modelle einer ethischen Mensch-Tier-Beziehung mit großer Selbstverständlichkeit von einer Hierarchie des Lebens auf der

Erde ausgingen, an deren Spitze unangefochten der mit besonderen „natürlichen" Rechten ausgestattete Mensch stand. Und sie stellten dieses Modell nicht nur in Frage, sondern sogleich auf den Kopf! Die Diskussion um die damals geborenen Ideen, die in der Theorie der Tierrechte und der Tierbefreiung gipfelten, ist bis heute in vollem Gange. Allgemein werden die amerikanischen Philosophen Peter Singer mit seinem 1975 erschienen Buch „Animal Liberation" und Tom Regan mit seinem Werk „The Case for Animal Rights" von 1983 als die Begründer des neuen tierethischen Denkens angesehen. (Aber wie fast immer in der Geistesgeschichte fallen solche Ideen nicht vom Himmel, und so bezieht sich beispielsweise das Buch Singers ausdrücklich auf eine 1972 erschienene Veröffentlichung von Roslind und Stanlay Godlowitch unter dem Titel „Animals, Men and Morals".)

Peter Singer klassifizierte die traditionelle Stellung des Menschen im System der Natur und im ethischen Denken als „Speziesismus" (eine spezielle Interpretation des Anthropozentrismus) und stellte prinzipiell in Frage, dass die alleinige Zugehörigkeit zur Spezies Mensch dem Menschen den Anspruch auf eine Bevormundung der übrigen lebendigen Welt einräume. Er geht davon aus, dass alle Lebewesen, die Empfindungen haben, aus denen Interessen hergeleitet werden können, - ein solches ist auch der Mensch - als Gegenstand der Moral gleich zu stellen sind. (42)

Tom Regan gelangte auf ähnlicher Grundlage, nämlich der Feststellung, dass Tiere handelnde Subjekte sein können, zu der Schlussfolgerung, dass sie als solche auch Rechte haben müssten. (33)

Die Ethiken Singers und Regans sind die Geburtsurkunden des Physiozentrismus (Biozentrismus), jenes Denkmodells, das alles empfindungsfähige Leben (aber auch nur dieses, worüber noch zu reden sein wird)

gleichwertig zum Gegenstand der Moral macht und das inzwischen eine große Anzahl spezieller Ethiken hervorgebracht hat. Es kann kaum verwundern, dass diese Ideen nicht nur eine lebhafte Diskussion der Philosophen auslösten, sondern auch von Laien, namentlich von Tierschützern unterschiedlichster Provenienz, die sich in ihrer Motivation „pro Tier" angesprochen fühlten, mit großem Interesse aufgenommen wurden. Leider ist in solchen Fällen auch Missbrauch nicht zu verhindern, und so ist manches, was seitdem an „Tierbefreiung" und "Tierrechten" durch sogenannte „Aktivisten" praktiziert worden ist, einer moralischen Bewertung aus der Sicht der Gesamtheit des Lebens auf der Erde nicht gewachsen.

Es zeigt sich heute, dass sich die direkte Linie von „Animal Liberation" zu Tierbefreiungsaktionen sogenannter „Aktivisten" oder von „Animal Rigths" zur Praxis mancher Tierrechtsorganisationen als kulturell nicht tragfähig, teilweise sogar gefährlich und gesellschaftlich nicht annehmbar erweisen. Aber die daraus abgeleiteten Rückschlüsse vieler Menschen auf eine Untauglichkeit der Ideen, die dem zugrunde liegen, werden der Sache auch nicht gerecht.

Die Ideen Singers, Regans und ihrer Mitstreiter haben vielmehr zu einer Wende und Vertiefung der wissenschaftlichen Diskussion zur Rolle des Menschen auf der Erde und sein Verhältnis zum nichtmenschlichen Leben geführt, die anders vielleicht ausgeblieben wäre, was heute kaum noch vorstellbar ist. Der mit leichter Hand geübte Pragmatismus, mit dem ideologisierte „Bewegungen" Argumente der Tierethik gebrauchen oder auch missbrauchen, wird deren hohem Anspruch allerdings nicht gerecht, sondern führt eher weg von dem großen ethischen Anliegen der Begründer der Tierrechte-Idee. Bei Tom Regan findet sich der

Satz: *„Das grundlegende moralische Unrecht ist nicht der Schmerz, ist nicht das Leiden, obwohl diese Dinge das Unrecht verschlimmern. Das grundlegende Unrecht besteht darin, Tiere als unsere Resource anzusehen."* (zitiert nach Hursthouse, (14))

In diesem fundamentalen Satz des tierethischen Denkens unserer Zeit ist kein Platz für kleinliche Besserwissereien zur Größe von Vogelkäfigen, zur Länge von Hundeleinen oder zum Wahlrecht für Primaten und auch nicht für andere Versuche, Rechte von Tieren im juristischen Sinne zu definieren. Hier wird vielmehr der Menschheit ein Spiegel vorgehalten, in dem sie die ganze Hässlichkeit ihrer Beziehung zur nichtmenschlichen lebendigen Welt erkennen könnte, wenn sie denn hinein schaute!

Sie würde sehen, dass sie allem Leben in einer Weise Gewalt antut, die die gemeinsame Evolution des Lebens karikiert und mit keinem Naturgesetz erklärt oder entschuldigt werden kann. Die Milliarden von Hühnern, Gänsen, Enten, Puten, Schweinen, Kälbern, Lämmern, Pelztieren und anderen Tieren, die jährlich auf der Erde zu dem alleinigen Zweck „erzeugt" werden, zum kostengünstigsten Zeitpunkt (der liegt oft bei 10 bis 30 Lebenswochen, also bei 2 bis max. 5 % der Lebenserwartung der Tiere) getötet und vermarktet zu werden, ist moralisch durch nichts zu rechtfertigen, auch nicht und am allerwenigsten durch Verweis auf den Nahrungsbedarf der Menschheit. Die industrielle Tierproduktion hat „das Tier an sich" überhaupt nicht im Sinn (und auch nicht den Hunger irgendwelcher Menschen), sie hat kein moralisches Verhältnis zu ihm, sie betreibt wie alle Wirtschaft Geldvermehrung nach dem einfachen Prinzip, dass hinten mehr herauskommen muß, als man vorne reingesteckt hat in das System. Das Tier ist lediglich das Vehikel, auf dessen Rücken das Geld durch das

System läuft und sich vermehrt. Deshalb ist es auch falsch und wenig hilfreich und spielt möglicherweise sogar den Apologeten dieses „Tierwirtschaftssystems" in die Karten, wenn die Frage der Tierrechte auf die Frage verkürzt wird, ob man Tiere töten und essen darf. Es hat zu keiner Zeit der Würde der Schöpfung oder eines ihrer Glieder geschadet, wenn ein Tier, das die Evolution zum Carnivoren gemacht hat, ein anderes zum Zwecke des eigenen Überlebens getötet und gegessen hat, einschließlich des omnivoren Menschen an der Spitze dieser Nahrungskette. Da widerspreche ich dem hoch zu verehrenden Tom Regan. Die Evolution hat es vom ersten Anbeginn des Lebens so gewollt, dass Lebendiges von Lebendigem lebt, und die biblische Schöpfungsgeschichte enthält auch keinen Hinweis darauf, dass die Löwen im Garten Eden – wenigstens bis zum Sündenfall – von Manna gelebt hätten, wo es doch Schafe gab. Nein, „Resource" im Sinne Regans meint mit Blick auf das, was derzeit auf dieser Erde geschieht wohl eher – und jedenfalls für mich – die menschliche Anmaßung, allein nach seinen Intensionen, die allzu oft weitab von Überlebensbedürfnissen liegen, jedes andere Leben auf dem Planeten unterwerfen oder auslöschen zu dürfen, und es gegebenenfalls allein für diesen Zweck auch noch zu erzeugen, wenn nötig, mit tiefen Eingriffen in seine genetische Identität. Diese menschliche Einstellung hat zur Voraussetzung, dass dem Tier jede Wesenhaftigkeit, jedes Erleben, jeder Eigenwert abgesprochen wird. Das Tier ist auf dieser Erde längst der „Gefälligkeit" des Menschen ausgeliefert, die elenden Verhältnisse in der Massentierhaltung sind nur die Spitze des Eisberges. Überall da, wo sich die Menschen Rücksicht auf Tiere zugute halten, relativiert sich das durch die Dringlichkeit menschlicher Begierden, die irgendwann größer ist, als das Interesse am Überleben der

Natur. Insofern tut man Regan und seinen geistigen Verbündeten sicher nicht unrecht, wenn man die Kritik an dem „Resourcen-Verständnis", mit dem Natur und Leben verwaltet werden, auch auf die unbelebte Natur ausdehnt. Ist die unbelebte Natur, die Erde mit ihren verborgenen Schätzen, das Wasser, die Luft, ist der Wind eine Resource des Menschen? Gehört uns Menschen der Wind wirklich so ganz und gar, dass wir Flügelräder in seinen Weg stellen dürfen, die „grünen" Strom erzeugen, mit dem wir jede Nacht unsere Kirchen und Paläste und Fußballstadien illuminieren - um den Preis von jährlich einer halben Million erschlagener Vögel und ebenso vieler erschlagener Fledermäuse ? „ Kollateralschäden, die zu veranlassen oder in Kauf zu nehmen uns, den Herren der Welt, zusteht ?". Die Menschheit benimmt sich so, als wäre die Welt tatsächlich nur für sie da, Blumen und Tiere sind bestenfalls Zierrat moderner Lebensbilder und die existenzielle Verkettung allen Lebens auf der Erde bleibt graue Theorie, besonders, wenn sie der „ freien" Entwicklung des Menschen die Akzeptanz von Grenzen abverlangt. Dabei sind alle Lebensformen auf der Erde in dem gleichen evolutionären Prozeß entstanden und damit Teil von einem Ganzen, das ohne jedes Einzelne nicht mehr vollkommen ist. Mit der Entstehung jeder Lebensform ist ihr Anspruch begründet, hier auf dieser Erde zu leben, in diesem Lebensrecht sind wir tatsächlich alle gleich, von der Amöbe bis zum Großhirnmonster Mensch.

Dann mag „Tierrechte" also eine unglückliche Wortwahl gewesen sein, - und sie ist es leider immer noch und fortgesetzt - weil sogleich der Vergleich mit Gesetzgebung und Rechtsprechung im Raume stand, in welchem sich Tierrechte einfach als absurd erweisen? Das gilt auch, wenn man sich auf „moralische Rechte" zurückzieht, denn Tiere sind ebenso wenig moralfähig wie rechtsfähig. Trotzdem gibt es ein nicht enden wollendes Bemühen, Tierrechte philosophisch salonfähig zu machen und praktisch im Tierschutz umzusetzen. Ja, die Anerkennung von Tierrechten ist fast schon zum Kriterium der Glaubwürdigkeit von Tierschutz geworden, und das geht dann wohl doch zu weit.

Andererseits bedeutet aber natürlich die Tatsache, dass Rechte durch Tiere selbst nicht praktiziert werden können (auch, weil sie das dialektische Gegenstück „Pflicht" nicht leisten können) nicht, dass man sie wie „Rechtlose" be- und misshandeln darf. Vielmehr reflektiert sich das moralische Lebensrecht jeden Tieres in der moralischen Pflicht des Menschen zu Achtung und mitgeschöpflichem Respekt.

Das ist der einzig praktikable Weg, „Rechte" von Tieren umzusetzen. Man muß ja auch sehen, dass die so emotional verkündeten Tierrechte nicht etwa die Beziehung zwischen den Tieren rechtlich regeln, sondern ausschließlich die Beziehung zwischen Mensch und Tier. Die Unmöglichkeit zwischentierlicher Rechtsbeziehungen scheint also sogar den entschiedensten Tierrechtlern klar zu sein. Warum dann nicht ebenso klar ist, dass in der Beziehung zwischen Mensch und Tier nur der Mensch rechtlich handeln kann, das bleibt wohl das süße Geheimnis der Tierrechtler. Es bleibt dabei; Tierrechte haben ihren Sinn allein in ihrer Entsprechung in Pflichten des Menschen!

In diesem Sinne ist die Geburt der modernen Tierethik mit ihren provozierenden Ideen dann doch auch wieder ein Glücksfall für die Entwicklung der Mensch-Tier-Beziehung, unbeschadet der Tatsache, dass in unzähligen Versuchen der theoretischen und praktischen Ausgestaltung dieser Idee manche Blüte wächst, die gerne auch wieder vergehen darf. Und sowieso muß man es mit dem Heiligenschein für die „Gründer" Singer und Regan auch nicht übertreiben, auch ihr philosophisches Denken hat, wie wir bereits gesehen haben und noch weiter sehen werden, Grenzen und Inhalte, die sehr persönlich sind und zu einer Verallgemeinerung in der Alltagspraxis nicht taugen.

Singer lehnt sich an die „Utilitarismus" genannte philosophische Idee an und räumt daher ein, dass um des Glückes der Mehrheit willen durchaus die Verletzung von Interessen oder auch das Leiden von Minderheiten in Kauf genommen werden könne. Klassisches Beispiel dafür sind die Tierversuche zur Entwicklung von Medikamenten und medizinischen Strategien für Menschen, die Singer unter bestimmten Umständen für zumutbar hält. Während er also einerseits davon ausgeht, dass alles Leiden eines jeden leidensfähigen Lebewesens gleich sei, - der Mensch ohne Unterschied eingeschlossen -, gibt er andererseits eben diesem Menschen die Befugnis, das Leiden von Tieren (das im Zusammenhang mit Tierversuchen allgemein unterstellt wird, was möglicherweise eine unzulässige Verallgemeinerung darstellt) willkürlich herbeizuführen. Er beschränkt das auf Extremfälle, schließt es aber nicht aus. Hier scheitert der Physiozentrismus, jene Idee, die alles Leben gleichwertig setzt, an der Realität. Und die besteht erstens darin, dass pragmatische (oder eben „utilitaristische") Entscheidungen des Menschen immer anthropozentrisch sind und zweitens in der Tatsache, dass die Begriffe „empfinden" und „leiden" mehr oder weniger synonym verwendet werden, wo sie doch im wertenden Sinne sehr unterschiedliche Inhalte haben. Dass (manche) Tiere dem Menschen gleich oder ähnlich empfinden können, das bedeutet eben nur, dass sie eine Eigenschaft, eine Fähigkeit gemeinsam haben. Der Schluß, dass sie deshalb gleich seien, ist logisch unkorrekt, um nicht zu sagen, falsch. Und leiden ist eine

höhere Verarbeitung von empfinden. Das Tier empfindet Schmerz, der Mensch empfindet Schmerz mit dem Wissen um seinen Schmerz, und eigentlich sollte der Leidensbegriff diesem Umstand vorbehalten bleiben. (12).

Und Regan, der mit stoischer Konsequenz am Verbot des Tötens und Verzehrens von Tieren durch Menschen festhält, räumt ein, dass das Töten von Tieren zum Zwecke der Abwendung von Gefahren für Menschen eben doch möglich bzw. zulässig sei. Als Beispiel nennt er die Bedrohung durch einen Kampfhund oder eine Rattenplage, aber ist nicht lebensbedrohender Hunger auch eine Gefahr? Sollte dann nicht doch das Essen von Tieren zum Zwecke des menschlichen Überlebens erlaubt sein? Wovon sollten sonst Eskimos oder Hirtenvölker leben?

Die Konsequenz der philosophischen Ethiken von Singer und Regan ist auch in anderen Punkten aus der Sicht des realen Lebens anfechtbar.

Das beginnt damit, dass die ihrer Ethik in verschiedenen Versionen zugrunde liegende Idee von der Gleichheit, den gleichen „Rechten" für alles Lebendige ein realitätsfernes Konstrukt darstellt. Das einzige Lebewesen, das eine solche Idee haben kann und zu realisieren sucht, ist der Mensch, der also offensichtlich anders ist, als die anderen Lebewesen. Vor diesem Hintergrund erscheint die Behauptung von der Gleichheit allen Lebens eher willkürlich als logisch. A. Kemper z. B. schreibt dazu: *...Physiozentrismus beruht auf einer idealistischen Vereinnahmung, indem er der Natur Werte zuschreibt, ohne sich der letztlich auch anthropozentrischen Bestimmungswillkür solcher Unternehmen bewusst zu sein...* (19). So ist es!

Gerne wird, namentlich von Laien-Tierrechtebewegungen das Argument der genetischen Nähe von Mensch und Primaten ins

Feld geführt, weil sich das menschliche Genom und das des Schimpansen nur um die Größenordnung von 2 % unterscheiden. (Und wenn dann die Unvollkommenheit des anmaßenden Menschen völlig bewiesen werden soll, erinnert man sich, dass selbst das Mäusegenom in wichtigen Teilen mit dem des Menschen übereinstimmt, ja sogar das Genom von Fliegen den gleichen Regeln folgt, wie das des Menschen.)

Aber man kann das auch ganz anders erklären, als die Tierrechtepragmatiker, zu deren System es gehört, den Unterschied zwischen Mensch und Tier möglichst klein zu machen. Könnte es nicht so sein, dass das Genom aller höheren Lebensformen zu seinem größten Teil, ganz mutwilig gesagt, vielleicht zu 90 % dazu benötigt wird, die hoch komplexe Eigenschaft „Leben" zu speichern und informativ weiterzugeben und zu steuern, und nur ein kleiner Rest, von mir aus 10 % des Genoms die Spielwiese ausmacht, auf der die Evolution die Vielfalt äußerer Erscheinungsformen des Lebens geschaffen hat? Der Mensch ist dem Schimpansen nicht um 2 % voraus im Hinblick auf das Genom, sondern beide, Mensch und Primat haben sich vor 2 oder 3 Millionen Jahren aus einer gemeinsamen Lebensform auf verschiedene Wege der Evolution begeben. Die „Verewigung" dabei eingetretener Veränderungen auf dem Genom macht heute einen Unterschied von 2 % aus, das sind wahrscheinlich Millionen von Informationen! Und die stehen nicht zur Disposition im Sinne einer genetischen Annäherung von Primaten und Menschen, es sind „schon" 2 % und nicht „nur noch" 2 %!!!

Und vor allem ist der Unterschied zwischen den Arten auch auf der Ebene der Genome eine Frage der Qualität der genetischen Information, nicht der Anzahl identifizierbarer Teilchen.

Die Wissenschaft arbeitet heute mit der Annahme, dass möglicherweise eine einzige Mutation vor etwa 70 000 Jahren dazu führte, dass das menschliche Gehirn „...lernen konnte, in noch nie dagewesener Weise zu denken und mit einer völlig neuen Form von Sprache zu kommunizieren...".(13). Und binnen 40 000 Jahren hat sich diese überlegene Menschenform in der ganzen Welt durchgesetzt und bestimmt den qualitativen Unterschied zwischen Mensch und Tier. Das ist im Sinne von Evolution ein geradezu klassisches Beispiel von positiver Auslese: Ein durch Mutation gewonnener Überlebensvorteil hat obsiegt über alle vergleichbaren Lebewesen, die diesen Vorteil nicht hatten.

Die Tatsache, dass heute die Wissenschaft immer neue psychoemotionale und andere Hirnleistungen der Primaten nachweist bzw. aus ihnen herauskitzelt, bedeutet keine genetische Annäherung, sie ändert das Genom nicht, sondern zeigt uns lediglich, was es alles kann! Das mag für den einen oder anderen in besonderer Weise den Respekt begründen, den wir auch ohnedies allen Lebewesen schuldig sind, aber es ändert nichts daran, dass nur der Mensch diesen Respekt leisten kann. Dem Schimpansen ist es völlig gleichgültig, ob der Mensch mit seinen um 2 % anderen Genen auf den Mond fliegen kann, es fehlt ihm an Wahrnehmung, Wissen und Urteil und, was den Respekt angeht, auch an der Moral.

Und was die Moral (des Menschen) angeht, so sei nur ganz am Rande die Frage erlaubt, ob die Versuchsanordnungen einschließlich der Haltebedingungen, unter denen Primaten oder auch Graupapageien Lernleistungen antrainiert und abgefordert werden, die sie in ihrem natürlichen („artgerechten") Leben gar nicht brauchen, mit denen aber ihre Nähe zum Menschen propagiert wird, wirklich so tiergerecht, so artgerecht, so ethisch sind?

Und in besonderer Weise ist die Bindung menschlicher Rücksichten auf Tiere an die Bedingung, dass diese leidensfähig sein müssen, aus praktischer Sicht höchst fragwürdig. Die Philosophische Ethik macht sich hier am Gegenstand der Moral fest (Philosophie definiert nun einmal gerne), und sucht für eine moralische Interaktion zwischen Mensch und Tier das Subjekt im Tier. Als entscheidend dafür gilt die Fähigkeit von Tieren, Schmerz und Leid zu empfinden. Ihr Versuch, in dieser Hinsicht konkret zu sein, verstrickt sie aber in Widersprüche und überfordert sie in der Frage des praktischen Inhalts der Moral. Leidensfähigkeit bedeutet hiernach zugleich die Fähigkeit eines Lebewesens, in irgendeiner Form sich selbst wahrzunehmen, eine Voraussetzung, um „Subjekt" sein zu können. Das führt unweigerlich dazu, dass die lebendige Welt in zwei Teile geteilt wird, einen, der unser ethisches Empfinden verdient, weil er leiden kann, und einen, der dieser Empfindung unsererseits nicht würdig ist, weil er eh nichts merkt. Das darf man aus mindestens zwei Gründen für bedenklich halten:

Zum einen haben zwar die modernen Biowissenschaften Erkenntnisse geboren, mit denen die Empfindungsfähigkeit der „höheren" Tiere als sicher gelten kann und allgemein nicht mehr bestritten wird. Das gilt praktisch für alle Wirbeltiere, wenn auch in einer abgestuften Reihenfolge mit den Primaten an der Spitze und Vögeln, Amphibien und Reptilien und Fischen am Ende der Skala. Aber an diesem Ende wird es dann doch sehr zweifelhaft. Die Wissenschaft dringt immer tiefer in die Geheimnisse der Neurophysiologie auch der Tiere jenseits der Klasse Wirbeltiere ein und verschiebt die Grenze, die sich die Ethiker mit der Leidensfähigkeit der Tiere setzen, ständig. Man denke nur an die Intelligenz von Kopffüßlern, Kraken! Damit gelangt die Wissen-

schaft aber auch zu Formen des Empfindens und Leidens, die nicht mehr vergleichbar und schon gar nicht gleichzusetzen sind mit denen von z. B. Primaten oder Menschen. Man stelle sich nur die Frage, ob und wie z. B. bei einem Kopffüßler Intelligenz und Leidensfähigkeit miteinander korrelieren. Angesichts des Wissens um unser Nichtwissen hat eine Grenzziehung, wer ethischer Rücksichten des Menschen wert sei, nach dem Maße der Empfingungsfähigkeit von Tieren einen Geruch von Willkür und Zweck und zieht das physiozentrische Ideal tief in Zweifel.. Des Weiteren darf man zweitens Zweifel hegen, ob Leiden von Tieren als Gegenstand ethischen Denkens ausreicht. Es mag als fast schon selbstverständlich gelten, dass der historische Zugang zur Gestaltung des Mensch-Tier-Verhältnisses über das Leid von Tieren bis heute wirkt, und leider gibt es ja diese Herausforderung für tierethisches Denken heute massenhafter denn je, - aber ist das wirklich alles? In eben jenem Grenzbereich zu den Wirbellosen drängt sich die Frage auf, ob wir, wenn wir eine Spinne zerdrücken, allein deshalb nicht unethisch handeln, weil die Spinne ja nicht leiden kann?

Was ist mit dem hohen Wert (im ethischen Sinne) „Leben"? Das Verhältnis der Werte „ nicht leiden" und „leben" zueinander ist bei niederen Lebensformen ein völlig anderes als bei höheren, namentlich beim Menschen. In der Humanethik blüht derzeit eine rege Diskussion zu der Frage, ob die Beseitigung von Leid eines Menschen den Preis der Beendigung des Lebens dieses Menschen wert sei, - und das Leben zieht dabei immer öfter den Kürzeren. Das Vermeiden von Leid steht in der Skala eigener Lebenswerte der Menschen ganz oben, das Leben an sich wird gar nicht als besonderer Wert wahrgenommen, solange das Schicksal es nicht in Zweifel zieht. Dieses Denkmodell auf Tiere zu übertragen, ist ein gefährlicher Irrtum. Tiere haben keine Vorstellung vom eigenen Tod und insbesondere können sie ihn nicht in Beziehung setzen zu eigenem Leid, sofern sie überhaupt zu den leidensfähigen Spezies gehören. Kein Wort gegen verantwortungsvolle Sterbehilfe für sterbende Tiere, aber es muß klar sein, dass kein Tier je um die Spritze gebeten hat. Und vor allem ist das keine Antwort auf die Frage nach dem Wert des Lebens gegenüber dem Leiden. Der Verzicht auf das Leben ist der Preis für die Beseitigung des Leidens, aber nicht sein Wert! Nur Leben vermag zu leiden, dem Leben fällt das absolute Primat zu, Leiden oder Nichtleiden sind nur ausgestaltende Elemente der unersetzlichen Bedingung Leben.

Und niemand weiß wirklich genau, ob ein Tier nicht doch lieber leidend leben würde, als tot zu sein. (Man erinnere sich der querschnittsgelähmten kleinen Hunde, für die ihre Besitzer kleine Rollstühle gebaut haben, auf denen sie ihre hintere Körperhälfte hinter sich herziehen und schaue in die fröhlichen Gesichter dieser Tiere!)

Deshalb ist die Auseinandersetzung mit Leiden und Leidensfähigkeit kein ausreichender Inhalt für eine umfassende Tierethik, und das Verbot der Tötung von Tieren zum Zwecke des Verzehrs keine ausreichende Antwort auf die Frage nach dem Umgang mit dem Leben. Hier ist der Freiraum, den Albert Schweitzer (1875–1965) mit seiner Ethik der Ehrfurcht vor dem Leben ausfüllt, die schon 60 Jahre vor Singers und Regans Werk entstanden ist. Albert Schweitzer war kein Philosoph im beruflichen Sinne, auch kein Biologe, er war evangelischer Geistlicher und Arzt und einer der bedeutendsten Humanisten des 20. Jahrhunderts. Und als solcher war er nicht auf der Suche nach einer Tierethik, obwohl bekannt ist, dass ihn das Schicksal, das Menschen Tieren antaten, schon seit seiner Kindheit sehr berührte. Er

war am Anfang des 20. Jahrhunderts auf der Suche nach einer umfassenden Ethik, mit der die Menschen die kulturellen, sozialen und gesellschaftlichen Entwicklungen dieser Zeit zu ihrem und der Menschheit Wohle hätten bewältigen sollen. Der Ausbruch des 1. Weltkrieges hatte ihm eine „...Kraftlosigkeit der ethischen Kultur..." demonstriert, die ihn umtrieb.

Er schreibt selbst, dass es während einer Bootsfahrt auf dem Ogowe-River in der Nähe seines später berühmt gewordenen Urwald-Hospitals Lambarene an einem Tag im September 1915 gewesen sei, da ihm im Angesicht einer Flusspferdmutter mit ihrem Jungen Gedanken durch den Kopf gegangen seien, die in der Geburt des Begriffs „Ehrfurcht vor dem Leben" gipfelten. (19)

Wir wissen heute, dass Schweitzer diesen Gedanken auch schon in seinen Straßburger Vorlesungen vom Februar 1912 ausgesprochen hat (24), zum Leitbegriff seiner Ethik ist er ihm aber wohl erst bei dem beschriebenen Ereignis geworden. Er ist als höchster Ausdruck des Respekts gegenüber anderen Lebewesen, deren entscheidende Eigenschaft „Leben" die gleiche ist, wie die des Menschen, eine tragende Säule im sittlichen Denken Albert Schweitzers.

Und er kommentierte später die Bedeutung, die dieser Begriff für ihn alsbald gewann, mit den Worten: „...Es ging mir auf, dass die Ethik, die nur mit unserem Verhältnis zu den anderen Menschen zu tun hat, unvollständig ist und darum nicht die völlige Energie besitzen kann. Solches vermag nur die Ethik der Ehrfurcht vor dem Leben. Durch sie kommen wir dazu, nicht nur mit Menschen, sondern mit aller in unserem Bereich befindlichen Kreatur in Beziehung zu stehen und mit ihrem Schicksal beschäftigt zu sein..." (39).

Schweitzer ging mit seiner Ethik eigentlich weiter, als die späteren Begründer der modernen Tierethik. Er forderte Ehrfurcht vor jedem Leben, von der Amöbe über die Pflanzen (!) bis zu Tier und Mensch. Und er verweigerte sich einer Klassifizierung des Lebens in „niederes" und „höheres" Das regt heute zu ernsten Folgerungen an.

Zunächst liegt nahe, dass die Ausdehnung der Ehrfurcht vor dem Leben auf das große Reich des Lebens außerhalb der Makro-Tierwelt, eben auf alles, was lebt, ihre Ursache in der christlichen Weltsicht Schweitzers gehabt haben dürfte, mit dieser zumindest eng korrespondiert. Die Schöpfung verdient ungeteilten Respekt in allen ihren Teilen! Aber Albert Schweitzer war auch Arzt und wusste um die tödlichen Gefahren, die von Einzellern oder Parasiten ausgingen, er hatte als junger Wissenschaftler die großen Entdeckungen Robert Kochs (1843-1910) und die daraus resultierenden Änderungen der Krankheitslehre brandaktuell miterlebt. Ehrfurcht vor Krankheitserregern – geht das? Und die Pflanzen? Am Anfang des vorigen Jahrhunderts war über die Pflanzenwelt schon viel bekannt. Die Einsicht lag nahe, dass das massenhafte Vorhandensein und Wiedernachwachsen der Pflanzen eine notwendige Voraussetzung für das ganze Tierleben darstellte und deshalb Respekt verdiente. Aber Zweckmäßigkeit begründet keine Ehrfurcht, zu Schweitzers Zeiten war das nur möglich mit Bezug auf die Eigenschaft „Leben" an sich, die auch den Pflanzen zukommt. Inzwischen aber entdeckt die Wissenschaft physiologische Leistungen von Pflanzen, die ihre Reduzierung auf „stoffwechselndes" Leben in kleinen Schritten in Frage stellt. Sind sie vielleicht doch mehr als nur Nahrungsgrundlage für Andere incl. Menschen?

Und die Ehrfurcht vor menschlichem Leben schließlich verlangt er auch als Ehrfurcht eines Jeden vor seinem eigenen Leben. Und so kulminieren seine Einsichten in dem berühmten Satz: „*Ich bin Leben, das leben will, inmitten von Leben, das leben will*" (39). Darin wird allerdings auch des Problem der Schweitzerschen Ethik sichtbar. Er schreibt dazu: „*...Nun aber sind wir alle dem rätselhaften und grausigen Schicksal unterworfen, in die Lage zu kommen, unser Leben nur auf Kosten andern Lebens erhalten zu können und durch Schädigung, ja auch durch Vernichtung von Leben fort und fort schuldig zu werden...*"(39)

Die Antwort auf all dies Zweifelhafte kann nur lauten, dass die Ehrfurcht vor dem Leben nicht nur dem individualisierten Leben, sondern auch den natürlichen Gesetzmäßigkeiten des Lebens gilt. Albert Schweitzer war offenbar von dem tiefen Empfinden geleitet, dass Gott die Lebensvielfalt seiner Schöpfung nicht nebeneinander, wie sie dem Betrachter erscheint, sondern ineinander verwoben, von einander abhängig geschaffen haben muß mit dem Ideal, dass das Leben als Ganzes unendlich wird, weil das endliche Leben des Einzelnen darin aufgeht.

Das hat schon fast etwas von der Evolutionslehre, die ja auch davon ausgeht, dass das Schicksal des Lebens an sich und der Lebensvielfalt nicht am Schicksal des Einzelindividuums hängt, sondern an dem der Arten, der Lebensformen, der Vielfalt. Das Tun und Lassen des Menschen in diesem naturgesetzlichen Spannungsfeld als Schuld zu empfinden, das entspricht dem Grundmodell christlichen Denkens. Die Menschheit muß mit dieser Schuld leben und mit ihr in ethischer Verantwortung umgehen. Schuld ist geradezu die Quelle, der zwanghafte Auslöser von Verantwortung. Der Umgang mit dem Leben lässt sich nicht reduzieren auf ein „Entweder / Oder", sondern verlangt nach Maß und Verantwortung. Es gibt deshalb in der Schweitzerschen Ethik geradezu logischerweise kein Hintertürchen, sich z. B. durch den Verzicht auf den

Verzehr von Fleisch aus dieser Verantwortung zu ziehen oder sie durch eine willkürliche Teilung der lebendigen Welt in Leidensfähige und Leidensunfähige zu halbieren. (Gleichwohl hat Albert Schweitzer in seinen letzten Lebensjahren vegetarisch gelebt, aber das war seine persönliche Konsequenz und keine Bedingung seiner Ethik.)

Es ist ganz natürlich, dass die „Ehrfurcht vor dem Leben" nicht als letztes Wort der moralischen Entwicklung der Menschheit akzeptiert worden ist, es ist gut, dass das Nachdenken nie aufhört. Ob allerdings die modernen Tierethiken mit ihrer oftmals willkürlich anmutenden Strukturierung des Lebens auf der Erde dem Generalismus der Ethik der Ehrfurcht vor dem Leben etwas Moralisches voraus hat, das kann man auch anders sehen. Die Ehrfurcht vor dem Leben vertraut sich der Verantwortung des handelnden Menschen an und respektiert, dass das seinerseits biologischen, sozialen und kulturellen Regeln zu folgen hat. Sie ist diejenige Ethik, die radikal auf Verbote verzichtet und stattdessen auf die Wirkung ihres umfassenden moralischen Gebotes in der Verantwortung des Menschen vertraut. Sie gibt allem unabwendbar Notwendigen, was Menschen tun, moralischen Schutz und verwirft alle Willkür menschlichen Handelns jenseits dieses Maßes.

Damit könnte sie auch den idealen Geist einer Naturethik vertreten, diese Würdigung wird ihr aber von der modernen philosophischen Ethik verweigert.

Längst ist mit Blick auf die Entwicklung des tierethischen Gedankengutes klar geworden, dass die Mitleidsethik, die auf das Wohl des Individuums gerichtet ist und damit den Tierschutz trägt, wirkungslos bleiben muß gegen die globale Bedrohung der Tierwelt und des Lebens überhaupt durch die Expansion des Menschen. Die Tierrechteethik kann da, soweit man ihr Gültigkeit einräumen will, auch nur Begrenztes leisten, weil sie sich selber Grenzen setzt dergestalt, dass nur leidens- bzw. empfindungsfähige Tiere in ihre Kompetenz fallen, womit sie dem weit überwiegenden Teil des Lebens auf der Erde ihren Schutz versagt und weit hinter der Ethik der Ehrfurcht vor dem Leben zurückbleibt. Sie ist letztlich auch „nur" eine Tierschutzethik und keine „Lebens"- oder Naturethik. Auf diesen Mangel versuchen verschiedene Theorien zur Tierethik, die sie zur „Bioethik" oder „Ökoethik" erweitern und damit in einen Kontext zu einer – denkbaren, aber nicht vorhandenen – allgemeinen Ethik des guten Lebens des Menschen in unserer Zeit stellen, eine Antwort zu finden.

Die philosophische Ethik als theoretische Wissenschaft kommt dabei bis heute nicht zu einer für sie schlüssigen Antwort auf die Frage, ob Natur einen moralischen Status habe bzw. welchen moralischen Status die verschiedenen Inhalte von Natur haben. Für den ein bestimmtes Verhältnis zu Natur und Leben praktizierenden Menschen im Alltag ist das wenig hilfreich. Es ist doch einfach so, dass Menschen ihr Handeln an einem „Objekt" nicht nach der Moral des Objekts, sondern nach der eigenen Moral bestimmen, also dem Objekt einen Wert nach eigenem Ermessen geben. Ob einer eine Spinne in der Wohnung erschlägt oder sie auf der Hand hinaus trägt in den Garten, das ist keine Eigenschaft und keine Angelegenheit der Spinne, sondern das hat eine moralische Eigenschaft des Menschen zur Voraussetzung, die der Spinne einen moralischen Wert verleiht. Allerdings kommen einige „Schulen" der aktuellen Ethik-Diskussion in der Auseinandersetzung mit der Frage nach dem Eigenwert der Natur bzw. der sie ausmachenden Lebensformen zu interessanten Standpunkten, die beachtenswert oder sogar hilfreich sind für unsere Suche nach einer Ethik des Mensch-Tier- und Mensch-Natur- Verhältnisses. Und so „theoretisch" ist die Sache nun auch wieder nicht, wie der Alltag zeigt: Immer, wenn es darum geht, ein Stück Natur zu schützen, treten alsbald Menschen auf den Plan, die uns erklären, wie wichtig das für die Menschheit sei, weil sie, erwiesenermaßen zurecht, nicht glauben, dass der Mensch etwas um seines Eigenwertes willen schützt. Der tropische Regenwald ist nicht um des tropischen Regenwaldes willen zu schützen, sondern weil man da noch Pflanzen zu finden hofft, aus denen wirksame Medikamente hergestellt werden können oder weil er Einfluß auf das Weltklima hat, dessen Veränderungen uns schaden könnten.

Die Verschmutzung des Rheins ist nicht um des Rheins willen ein Übel, sondern deshalb, weil schädliche Stoffe von den Fischen aufgenommen werden und den Menschen schaden könnten, die sie essen.

Das Pflanzengift Glyphosat wird nicht verboten, weil es das gesamte Kleinpflanzenleben auf den landwirtschaftlichen Nutzflächen und mit ihm die tierische Kleinlebenswelt vernichtet, sondern man muß eine Krebsgefährdung des Menschen durch dieses Gift erfinden, um auch nur ein Nachdenken über so ein Verbot auszulösen.

Und der Schutz der Honigbiene wird uns mit der Tatsache schmackhaft gemacht, dass wir sie zum Bestäuben der Obstblüten brauchen.

Die Reihe solcher Argumente ist lang, der Schutz der Natur und ihrer Elemente um ihrer selbst willen, ihres Eigenwertes willen, den ein empfindender Mensch ihr aus Ehrfurcht verleiht, ist generell nicht das Maß menschlichen Handelns. Am Ende haben alle Teile unserer realen Welt eine Bedeutung für das universale System, von dem wir und unser Leben ein winziger Teil sind. Es ist doch eigentlich völlig gleichgültig, ob sie oder ein Teil von ihnen sich

selber als Wert verstehen und somit einen Eigenwert haben. Wie wir damit umgehen, das lehrt die Geschichte der Menschheit, wird ausschließlich bestimmt durch den Wert, den die Menschheit ihnen zumisst. Die philosophische Diskussion um diese Frage wird das kaum ändern.

Der Physiozentrismus hat den Prozeß der Einbeziehung der Natur ins ethische Denken sehr befördert, wenn auch unter Philosophen bis heute umstritten ist, ob und in welcher Form Natur Gegenstand von Moral und damit von Ethik als Wissenschaft sein kann.

Unter den ökologischen Ethiken ist die *land ethic*, die auf den englischen Philosophen Leopold zurückgeht, diejenige, die in allgemeinster Form die Schönheit und das „ Funktionieren" der Natur als deren Eigenwert versteht. Sie leitet daraus ab, dass der Mensch sich als Teil dieses Systems verstehen und einordnen sollte, um auf diese Weise den höchsten Gewinn von ihr zu beziehen ohne sie zu gefährden. – Ein hohes und schönes Ideal, das in der modernen Gesellschaft nicht mehrheitsfähig und durch die Praxis der rücksichtslosen Inbesitznahme der Erde durch den Menschen eigentlich außer Kraft gesetzt ist.

Auch die *tiefenökologische Bewegung* sucht die Selbstverwirklichung des Menschen in der Identifikation mit der Natur und gibt ihr einen Eigenwert mit der Vision, dass der Mensch darin aufgehen solle.

Eine andere ökoethische Strömung geht auf der Suche nach der Bestimmung des Eigenwertes von Natur viel tiefer ins Detail und kommt zu dem Ergebnis, dass die Erhaltung der genetischen Identität und jeder Spezies einen Eigenwert habe, der auch den Ökosystemen zukomme, in denen die genetischen Entitäten existieren. Hier bietet sich ein Brückenschlag zu lebendiger Natur- und Tierethik an, wenngleich man zu all diesen ökoethischen

Konzepten sagen muß, dass sie auf einem physiozentrischen Ideal beruhen und keinen Weg aufzeigen, wie man konkret von der anthropozentrischen Realität zu einer physiozentrischen Organisation des Lebens auf der Erde gelangen könnte. Und wenn sich einer erheben würde, diese Aufgabe in Angriff zu nehmen, dann kann das nur der Mensch sein, weil der Rest des Erdenlebens das Problem nicht kennt. Wieder säße der Mensch am Ruder des Schiffs, und es wird wohl so sein, dass das sein und der Welt Schicksal ist. Und so bleiben diese und zahlreiche weitere philosophischen Erwägungen doch eher fern von praktischen Folgerungen.

Da hilft uns schon eher *Hans Jonas,* der bedeutende deutsche Verantwortungsphilosoph, der ausdrücklich auch im Zusammenhang mit der ethischen Gestaltung des Mensch-Tier- Verhältnisses **vor** der Frage nach dem Gegenstand menschlichen Denkens und Handelns klarstellt: *Der Mensch ist das einzige uns bekannte Wesen, das Verantwortung haben kann. Indem er sie haben kann, hat er sie. (16)*

Wenn diese Feststellung gilt, dann ist es letztlich egal, ob der Gegenstand menschlichen Handelns, in unserem Falle der Vogel in menschlicher Obhut, einen Eigenwert im Sinne der ewigen Frage der Philosophie hat. Wer oder was Gegenstand menschlichen Handelns ist, ist immer auch Objekt menschlicher Verantwortung. Das unterliegt keiner abwägenden Entscheidung des Menschen, sondern ist immanenter Bestandteil jedweder Beziehung zum Tier, die er eingeht.

Und *Jonas* verweist nachdrücklich darauf, dass die Größe unserer Macht, die wir über ein Anderes haben (z.B über vollkommen von uns abhängige Tiere in menschlicher Obhut) zugleich das Maß unserer Einflussnahme auf ein Solches ist, und folgert, dass wir unserer Verantwortung in einer solchen Konstellation

nur gerecht werden können, wenn auch unsere *Voraussicht der Folgen* unseres Handelns proportional zu unserer Macht wächst. Wenn man die Vogelhaltung und Vogelzucht der letzten 200 Jahre, namentlich hinsichtlich ihres Verhältnisses zur Natur, an diesen Einsichten misst, so muß das Urteil sehr bedenklich ausfallen.

Weder im Zusammenhang mit den umfangreichen Naturentnahmen noch im Zusammenhang mit der intensiven züchterischen Veränderung von Vögeln für Schauzwecke hat sich die Vogelzucht in Verantwortung für die Natur mit den Folgen ihres Handelns auseinandergesetzt.

Und schließlich leistet auch die Ästhetik in ihrer Auseinandersetzung mit dem „ Naturschönen" (sie kennt daneben auch das „Kunstschöne) noch ihren Beitrag zu einer komplexen Sicht auf unser Problem.

Martin Seel stellt dazu zunächst fest, dass das Ästhetische generell Teil einer Ethik das guten Lebens ist und fährt fort: *...Wenn nun das Naturschöne eine genuine Form guten menschlichen Lebens darstellt, gehört auch sein Schutz zur Rücksicht auf die Entfaltungsmöglichkeit aller anderen Menschen. Er ist ein Kernpunkt einer universalistischen Moral.... (41)*

Ästhetisches ist also in unserem Verhältnis zur Natur weit mehr als eine Sache des Geschmacks des Einzelnen. Was von einem Menschen in und an der Natur positiv erlebt werden kann, das setzt für ihn die moralische Pflicht, dieses Erleben auch jedem anderen Menschen möglich zu machen, das heißt, es zu erhalten. Natur – das Natürliche - hat weit über die materielle Bedeutung als Grundlage allen Lebens hinaus auch einen ideellen Wert in Gestalt des „Naturschönen", das für die Menschheit zu erhalten eine ethische Aufgabe ist.

Es mag offen bleiben, ob es eine zu weit gehende oder zu pragmatische Auslegungen der Gedanken Martin Seels darstellt, aber der Schluß liegt nahe, dass der Geist der Bewahrung auch im **nutzenden** Umgang mit Natur und ihren Einzelinhalten menschliches Handeln bestimmen sollte.

Wer ein Lebewesen aus der Natur in seine Obhut nimmt, steht also nicht nur in einem materiellen Sinne in Verantwortung gegenüber der Natur und diesem Tier, sondern zugleich in moralischer Verantwortung gegenüber der Menschheit, deren „Naturschönes" er berührt. Ob der Mensch das Naturschöne auch in Gestalt des Einzelstückes, das er als Pflanze oder Vogel zu sich nimmt, bewahren kann und aus ästhetischer Sicht sollte, diese Frage bewegt die Philosophie noch nicht. Den Halter exotischer Tiere schon! Er sieht vor dem Hintergrund des Verschwindens (naturschöner) Lebensräume einschließlich der darin lebenden Tierwelt seine Schützlinge als lebende Fossilien eben dieser Natur und wird mit historisch neuer Konsequenz vor die Frage gestellt, ob er mit ihnen auf die dem traditionellen Besitzstatus entsprechende Art und Weise umgeht oder sich Verantwortung auferlegt für ihre Bewahrung als unersetzlicher Teil des gesamten Naturschönen.

Und damit soll es dann auch sein Bewenden haben mit dem Versuch, in der philosophischen Ethik und anderen theoretischen Disziplinen Eckpunkte, Anregungen, Perspektiven für eine Ethik der Vogelzucht zu finden.

Der Blick auf das ethische Denken namentlich des letzten Jahrhunderts hat uns gelehrt, dass eine Ethik für ein spezielles Gebiet menschlicher Interessen und Handlungen nur leben und nachhaltig wirken kann, wenn sie sich als Teil einer umfassenderen Ethik, eines gesellschaftlichen Wertekonsenses versteht. Genau darin liegt zugleich der Grund für ihre Wandelbarkeit, ja gelegentlich den Zwang zur Veränderung.

Über viele Jahrhunderte waren Berufsethiken die bekanntesten Formen moralischer Bestimmung menschlichen Handelns. Dafür steht exemplarisch das im Hippokratischen Eid (Hippokrates, griechischer Arzt, etwa 460–370 v. Chr.) formulierte Arztethos, das zwei und ein halbes Jahrtausende mehr oder weniger unangetastet Gültigkeit hatte und im Arbeitszimmer eines jeden traditionsbewussten Arztes kunstvoll gestaltet, oftmals in Griechisch, an der Wand hing. Dieses Ethos ist in den letzten fünfzig Jahren vollständig und ohne Gegenwehr in historischen Archiven verschwunden. Kein Arzt kann sich mehr auf Festlegungen im Hippokratischen Eid berufen, weil der Gesetzgeber entsprechend den realen Gegebenheiten der gesellschaftlichen Entwicklung zu den gleichen Gegenständen gegenteilige Regelungen verbindlich gemacht hat und sich dabei im moralischen Konsens mit der Mehrheit der Menschen befindet.

Auch Bauern haben ein Ethos, in dessen Schutz ihre Äcker und Wiesen und alles Leben dort und das Wohlbefinden ihrer Tiere stehen. Was soll ein Bauer damit in einer Schweinemastanlage mit 10.000 Schweinen oder einer Geflügelmastanlage mit 100.000 Hähnchen? Die natürliche Entwicklung der Lebensweise der Menschen ist über das alte moralische Regelwerk einfach hinweggegangen.

Die Vogelzucht hat sich zu keiner Zeit einen umfassenden moralischen Kodex gegeben und nie einen moralischen Zwang „nach innen" ausgeübt. Lediglich der Deutsche Kanarienzüchterbund hat sich in den 90er Jahren einen „Codex pro Spezies" und einen „Codex pro Natura" gegeben, über deren Wirksamkeit aber nie berichtet wurde. (20) Noch heute pflegt die Vogelzucht Regeln als Werte, die seit vielen Jahrzehnten überholt sind. Dabei pflegt ein großer Teil der Vogelzüchter sein Hobby mit einem hohen moralischen Anspruch, aber jeder für sich allein, Regelwerk sind nur ganz wenige gute Vorsätze geworden und ihre allgemeine Akzeptanz stößt dann auch noch auf sehr abweichende Einzelinteressen.

Wir wollen den Versuch unternehmen, geleitet von einem bescheidenen Lichtlein moralischer Überzeugungen, in den Alltag von Vogelzucht einzudringen. Dabei werden uns einige wenige unumstößliche Grundüberzeugungen begleiten: - Leben ist das höchste Gut. Wer ein sonst wild lebendes oder ein domestiziertes Tier in seine Obhut nimmt, übernimmt Verantwortung für höchstes Gut! - Leben in Gestalt eines Tieres, eines Vogels z. B., kann nicht in „Besitz" genommen werden, sondern bestenfalls vormundschaftlich betreut werden. - Das Leben auf der Erde existiert und kann nur existieren in der Vielfalt seiner Erscheinungsformen und deren Zusammenspiel. Wer ein Lebewesen aus der Natur entnimmt, greift ein in die spontanen Abläufe der Natur und hat (weil er sie haben kann!) mit der Verantwortung für dieses Lebewesen zugleich Verantwortung für die Natur. - Das Individuum ist in der Natur Träger und Reproduzent des artspezifischen Beitrags zur Vielfalt der Lebensformen. Als konkreter Gegenstand des menschlichen Zugriffs auf Natur setzt es

menschliche Verantwortung für sein Einzelwohl, für die Art als Teil der Lebensvielfalt und für die lebendige Welt als Ganzes.

Diese Verantwortung hat jeder Mensch, der sich auf solches Tun einlässt, weil er wissen kann, was er tut. Er kann sich diese Verantwortung nicht aussuchen, nicht erwählen, aber er kann sich ihr verweigern um den Preis moralischer Schuld am Misslingen von Leben. Dieser Preis ist den Menschen über Tausende von Generationen im Angesicht der „Unerschöpflichkeit" der Natur und des Lebens als zahlbar, einer Definition gar nicht wert erschienen.

Mit dem heutigen Wissen um die naturgesetzlichen Zusammenhänge des Lebens auf der Erde ist dem Menschen grundsätzlich ein Natur- und Lebens-adäquates Verhalten möglich, das er in moralischer Verantwortung praktizieren kann und sollte.

Zwischen dem Ursprung der Haltung von Vögeln in menschlicher Obhut und dem Heute liegt ein langer Weg. Ein Blick darauf mag geeignet sein, unser Verständnis für die gegenwärtige Lage der Vogelhaltung und Vogelzucht zu schärfen und unserem wertenden Urteil zu Angemessenheit und Gerechtigkeit zu verhelfen.

4. EIN BLICK ZURÜCK

Jede Sache hat ihre Geschichte, und man sagt wohl zurecht, dass man die Dinge besser versteht, wenn man ihre Geschichte kennt. Manche sagen sogar, dass die Kenntnis der Geschichte, des Werdens also und der Umstände, die es begleiteten oder hervorbrachten, auch unerlässlich sei für ein sinnvolles Handeln im Dienste der Zukunft.

Soviel scheint jedenfalls sicher: Der Blick zurück auf die Geburt und das Heranwachsen der Vogelhaltung und Vogelzucht ist mehr als die Befriedigung persönlicher Neugier, sondern unerlässlich als Teil unserer Suche nach ihrer Bestimmung für den Menschen in seiner Zeit und nach den Regeln, die erklären, warum sie so geworden ist, wie sie heute ist - und wie sie anders werden könnte, wenn es sich denn als notwendig herausstellen sollte.

Es scheint heute ein weitgehender Konsens dahingehend zu bestehen, dass die Anfänge der Tierhaltung in der Jungsteinzeit zu suchen sind. (Und dabei handelte es sich natürlich zunächst nicht um Vögel zum Zwecke der „Erbauung", sondern um Nutztiere.) Genauer können wir es nicht datieren, weil es sich einerseits um einen Prozeß handelt, bei dem Anfang und Ende kaum zu definieren sind, und weil zweitens und vor allem die Anfänge in einer Zeit liegen, da die Menschen noch keine schriftlichen Zeugnisse ihres Handelns und Denkens geschaffen und hinterlassen haben.

Die ältesten Schriften der Menschheit, die Keilschrift der mesopotamischen Völkerschaften und die Hieroglyphen des altägyptischen Einflussbereichs entstanden im 3. Jahrtausend v. Chr., für die Domestikation des Hundes z. B. gibt es aber Belege in Gestalt von fossilen Funden, die 15 000 bis 18 000 Jahre und älter sind. Als der Mensch vor 15 000 Jahren begann,

Nordamerika zu besiedeln, brachte er den Hund schon mit, und schwedische Forscher sind auf Grund genetischer Analysen neuerer Funde sogar der Auffassung, dass die Domestikation des Hundes schon vor 35 000 Jahren begonnen haben könnte, also zu einer Zeit, als der Mensch noch Wanderjäger war.

Man macht sicher keinen großen Fehler, wenn man davon ausgeht, dass die Haltung von Tieren durch den Menschen zunächst ausschließlich auf die Nutzung der Tiere zur Lebenssicherung der Menschen, also als Nahrungsreserve, ausgerichtet war. Das wiederum hatte aber die Entwicklung von Nutzpflanzen zur Voraussetzung, die einen ausreichenden Ertrag dafür lieferten, dass die Menschen länger an einem Ort verweilen und somit sesshaft werden konnten. Sesshaft sein heißt aber, dass man den Wildtierherden nicht mehr folgen konnte, also etwas Neues tun musste, um ihrer habhaft zu werden, den Zugriff auf tierische Nahrung zu wahren. So ergab sich in einem Wechselspiel von Ursachen und Wirkungen über einen Zeitraum von einigen tausend Jahren wohl die Entstehung der Haustiere Schaf, Ziege und Rind, und im Kontext damit Esel und Pferd, und schließlich als erste echte „Zuchtform" das Maultier.

Mit den uns mehr interessierenden Vögeln vollzog sich das, immer noch im Sinne von Nutztieren, wahrscheinlich etwas anders.

Es war, wie man heute mit einiger Sicherheit weiß, nicht das Huhn, das den Anfang machte der Domestikation von Vögeln, sondern die Taube.

Die Domestikation des Huhnes aus dem Bankivahuhn ist heute für die Zeit um 2000 v. Chr. belegt. (36), wobei sowohl der Zeitpunkt als auch die alleinige Rolle des Bankivahuhns als Stammform aller Haushühner immer einmal wieder in Frage gestellt werden. Das kann allerdings auch kaum verwundern angesichts der riesigen Ausdehnung der Region in Südostasien, in der die Bankiva- und anderen Kammhühner, die als Stammformen des Huhnes in Frage kommen, ihr natürliches Vorkommen haben. Da ergeben sich aus archäologischen und kulturgeschichtlichen Quellen immer mal wieder neue Erkenntnisse. Und in diesem riesigen Raum lebten schon vor 4 000 Jahren zahlreiche Völkerschaften mit zum Teil sehr unterschiedlichen Kulturen, die ebenso unterschiedliche Voraussetzungen für die Haustierwerdung von Tieren boten, sie im Einzelnen vielleicht beförderten, vielleicht aber auch behinderten (Kulte!). Gerade diese in weiten Teilen Südostasiens heute noch bestehenden Umstände machen das Beispiel Haushuhn so geeignet, darauf hinzuweisen, dass die Haustierwerdung kein Tag acht oder neun der Schöpfung ist, sondern ein vielfältig verflochtener und alles andere als geradliniger evolutionärer Prozeß. Dem Ergebnis, z. B. dem Haushuhn, sieht man die Vielzahl und Vielfalt stattgefundener Abläufe, die es hervorbrachten, so wenig an, wie dem Baumstamm das riesige Netzwerk seiner Wurzeln. Wir kennen den Stammbaum (den Baumstamm) des Haushuhnes recht gut und die Krone dieses Baumes sowieso, weil wir sie mit der Schaffung immer neure Rassen ja selbst gestalten. Zum Wurzelstock sind wir aber erst einen Spatenstich tief vorgedrungen. Es ist bewundernswert, welch überzeugende Schlüsse die einschlägigen Fachwissenschaften heute aus den oftmals nur wenigen fossilen Hinterlassenschaften früherer Entwicklungsperioden zu ziehen in der Lage sind. Und es ist richtig, sie als Tatsachen zu bewerten, aber man muß immer darauf eingerichtet sein, dass sich neue Erkenntnisse ergeben, die das Bild verändern. Es sei nur daran erinnert, wie oft sich in den letzten 50 Jahren der Stammbaum des Menschen infolge neuer Funde verändert hat.

Ganz beiläufig sei noch erwähnt, dass erstaunlicherweise die Kammhühner als Wildvögel erst zwischen 1813 und 1815 erstmals wissenschaftlich beschrieben und in den Stammbaum der Vögel eingeführt wurden. Bis dahin hatten die Haushühner in der wissenschaftlichen Systematik der Vögel gestanden. (36)

Die Domestikation der Taube dagegen begann nach heutigem Wissensstand bereits etwa 8 000 Jahre v. Chr., also tief in der Jungsteinzeit. *Haag-Wackernagel* (11) beschreibt drei Hypothesen, die die Domestikation der Taube zu erklären versuchen, von denen die sogenannte Synanthropiehypothese für uns am interessantesten ist, weil sie auch als Erklärung für die Entstehung von Vogelhaltung in Frage kommt. Hiernach hat sich die Felsentaube, je nach Region in verschiedenen Unterarten, dem Menschen von selber angeschlossen, indem sie das Nahrungsangebot des beginnenden Pflanzenanbaus und das Nistplatzangebot des beginnenden Hausbaus nutzte. Damit wurde die Taube aber auch leicht greifbar für den Menschen, wenn er sie denn als Nahrungsreserve nutzen wollte oder musste, und das Interesse war alsbald ein gegenseitiges, - und ist es seinem Wesen nach bis heute geblieben, wenn auch der Mensch vielfältige zusätzliche Interessen eingebracht hat, wie z. B. die züchterische Erzeugung unzähliger Rassen.

Auch die sogenannte Tempelhypothese, die davon ausgeht, dass Felsentauben die Tempelbauten als Ersatzbrutstätten nutzten und so die Nähe zum Menschen gewannen, überlässt interessanterweise der Taube den ersten Schritt.

Die dritte schließlich, die sogenannte Domestikationshypothese, meint, dass der Mensch

Eier und Jungvögel aus den Nestern der Felsentaube „geerntet" und im Einzelfalle Jungvögel selber groß gezogen habe, die dann „menschennahe" zu leben bereit waren. Das wäre dann die erste bewusst auf Erhaltung des Vogels im menschlichen Zugriffsbereich gerichtete Aufzucht, eine „Handaufzucht" im heutigen Sprachgebrauch. Unabhängig davon, welche dieser Hypothesen wirklich zutrifft, die Haustaube ist jedenfalls nicht das Ergebnis einer Käfighaltung, sondern das eines Interessensausgleichs zwischen Taube und Mensch! – auch, wenn die Interessen heute eher einseitig verteilt sind.

Es ist aber keinesfalls so, dass „Kulturfolge", wie wir die Eigenart der Vögel nennen, ihren Lebensraum in die Nähe des Menschen zu verlegen, automatisch zu Domestikation oder Heimtierwerdung führen muß. Die Geschichte eines der verbreitetsten Vögel der Welt, des Haussperlings, bewegt sich seit fast 10 000 Jahren auf dem schmalen Grat zwischen konsequenter Kulturfolge und Vermeidung der Domestikation. Das Vögelchen ist zu wenig „exotisch" und hat zu wenig materiellen Wert, als dass es Menschen hätte verleiten können, es in Besitz zu nehmen. Gleichwohl sind unzählige junge Spatzen von mitfühlenden Menschen aufgezogen worden und zu ausgesprochen anhänglichen und possierlichen Hausgenossen gediehen. Aber das hat fast nie zu sich fortsetzenden Generationen von Haussperlingen in Menschenobhut geführt, weil das menschliche Interesse daran sowohl in materieller wie in ideeller Hinsicht eher begrenzt ist.

Wie es mit der Domestikation der Enten und Gänse gegangen ist, die wohl auch im zweiten vorchristlichen Jahrtausend ihren Anfang nahm und sich an verschiedenen Orten des großen indoeuropäischen und nordafrikanischen Siedlungsraumes, der damals „die Welt" darstellte, unabhängig voneinander vollzog, soll hier nicht

im Einzelnen verfolgt werden. Interessanterweise kommt aber vielleicht gerade hier ein weiteres Motiv der Domestikation zum Tragen. In schriftlichen Dokumenten aus babylonischen Klöstern aus dem ersten vorchristlichen Jahrtausend wird mitgeteilt, dass Enten und Gänse in großer Zahl während des Vogelzugs gefangen wurden. (15) Es bestand in den Fangzeiten ein riesiger Überfluß, in den Perioden dazwischen gleichwohl ein Mangel an Geflügel. Dies zu beheben, wurden die Vögel in Pferchen lebend „aufbewahrt", weil es andere Möglichkeiten der „Konservierung" nicht gab. Später wurde dazu übergegangen, die Tiere bei dieser Gelegenheit zu mästen, und es ist leicht vorstellbar, dass darüber auch genug Zeit verstrichen sein kann, dass die Vögel in Brutstimmung kamen, Eier legten und sich vermehrten und auf diese Weise den Menschen nahe legten, sie in Form ständiger Haltung zu nutzen.

Übrigens wurden bei den Fangaktionen natürlich auch andere Vögel gefangen und der menschlichen Ernährung zugeführt, die genannte Quelle berichtet z. B. von Kranichen und Frankolinen. Warum diese Arten in der Folge nicht zu Haustieren wurden, das können wir nur annäherungsweise vermuten; es mag daran gelegen haben, dass sie sich den Haltungsbedingungen auf Dauer verweigerten, oder auch nur daran, dass sie weniger gut schmeckten. Und so etwas wie einen „Schauwert" der Vögel kannte man damals noch nicht.

Und ein moralisches Empfinden für das „Lebenwollen" dieser Vögel natürlich auch nicht, jedenfalls nicht in einer gesellschaftlichen Dimension.

Die Geschichte der Domestikation von Tieren zum Zwecke ihrer wirtschaftlichen Nutzung ist aus naheliegenden Gründen viel besser erforscht als die Geschichte der Haltung sonst wild lebender Tiere als „Heimtiere" oder wie immer man diesen Vorgang in seinen

Anfängen bezeichnen will. In Ermangelung spezieller Beweise für den Ursprung und die frühe Entwicklung der Vogelhaltung mag es deshalb hilfreich sein, einige Erkenntnisse zur Haustierwerdung in unsere Überlegungen einzubringen.

Haustierwerdung und Heimtierwerdung haben eines gleichermaßen zur Voraussetzung: Die Menschen mussten in der Lage sein, nicht jedes Tier, dessen sie habhaft werden konnten, sofort zu verzehren, es muß ihnen ein Entscheidungsspielraum zur Verfügung gestanden haben, der nicht durch Hunger oder andere Zwänge ausgefüllt war. Sie haben sich diesen Spielraum selbst geschaffen mit dem Pflanzenanbau und der Sesshaftwerdung, und die Ausfüllung dieses Spielraums wurde geradezu zum Zwang, soweit das Nutztiere angeht, weil, wie schon dargestellt, Wanderjagd und Sesshaftigkeit nicht zusammengehen. Damit lernten sie die Tiere ganz anders kennen, denn als reine Jagdbeute, sie erlebten Geburt und Jungenaufzucht, mussten die Ernährung der Tiere sichern und damit Pflichten und Verantwortung entwickeln und mussten sie sogar verteidigen gegen Raubtiere, in gewissem Sinne also eine Allianz mit ihnen eingehen. Es entstand geradezu eine neue Kultur, in der Raum war für emotionale Beziehungen zu Tieren, die den Menschen bis dahin völlig unbekannt, weil objektiv unmöglich, mit ihren Überlebensinteressen nicht vereinbar, gewesen waren.

Dieses neue Verhältnis zum Tier, sein Eingang in die erwachende Kultur war die Voraussetzung für die Haltung von Tieren jenseits von Überlebensinteressen der Menschen zum alleinigen Zwecke der Erbauung.

Dieser Feststellung liegt das Verständnis von Kultur als der Gesamtheit der vom Menschen hervorgebrachten und seine Lebensweise bestimmenden materiellen, sozialen und geistigen Möglichkeiten und die Art und Weise ihrer Ausübung einschließlich ihrer moralischen Bewertung zugrunde. Die Entwicklungsgeschichte des Menschen ist von dem Augenblick an, da „Kultur" geboren war, stets zugleich Kulturgeschichte. Für ein wertendes Urteil über die Haltung von Wildtieren / Vögeln durch den Menschen ist es daher überflüssig, der ohnehin beantworteten Frage nach der kulturellen Stellung dieses Vorgangs nachzuhängen, sondern sinnvoller, sich der Tatsache zu stellen, dass alle menschliche Kultur Entwicklungen unterliegt, deren Ausdruck unzählige kulturelle Lebensformen sind, die die Menschheit hervorgebracht hat und fortlaufend hervorbringt. Im Vorgriff auf später zu Diskutierendes sei daher schon an dieser Stelle bemerkt, dass das von Verteidigern der Vogelzucht häufig angewendete Argument, dass Vogelhaltung und Vogelzucht „kulturelles Erbe" und allein deshalb wertvoll sei, unwirksam bleiben muß, weil die Zugehörigkeit zur Kultur ja gar nicht in Frage steht, wohl aber die Rolle in der Kultur des 21. Jahrhunderts, die einfach eine andere ist als die des 16. Jahrhunderts, als z. B. die Kanarienzucht entstand oder früherer Jahrtausende, als der Mensch die Möglichkeit eines neuen Verhältnisses zum Tier entdeckte. (Was er ja übrigens auf einer anderen Ebene der Einsichten gerade wieder tut.)

Die ältesten Informationen, die wir zu den Anfängen der Vogelhaltung haben, beziehen sich, soweit es nicht um künftige Haustiere geht, auf Papageien. Sie kommen aus der Region des heutigen westlichen Indiens und reichen zurück ins 10. vorchristliche Jahrhundert. Hier waren Papageien schon vor nunmehr über 3 000 Jahren in historischen Dokumenten erwähnt worden, die darauf hin deuten, dass diese Vögel als etwas Besonderes wahrgenommen worden waren und in den Mythen dieser

Zeit eine Rolle spielten. (45) Die spirituellen und kultischen Funktionen, die diese Vögel hatten, dürfen wohl als erste Zeichen der Entstehung eines moralischen Verhältnisses zu ihnen angesehen werden. Das lässt allerdings keine Verallgemeinerung zu und ist nicht der Anfang einer Entwicklung, sondern eher etwas Episodisches. Eine Rolle in kultischen Riten gewannen nur wenige Vogelarten, und später hat diese besondere Rolle auch gelegentlich darin bestanden, den Göttern geopfert zu werden oder zur Gewinnung von Accessoires ritueller Vorgänge (z. B. Federschmuck, Knochen) gejagt und geschlachtet worden zu sein. Teil eines Kultes oder seiner Rituale zu sein, das bedeutet für ein Tier nicht automatisch eine Garantie guten und dauerhaften Lebens, sondern gelegentlich auch das Gegenteil!

Es waren wohl Vertreter der heute als „Edelsittiche" in der Nomenklatur geführten Arten, namentlich der Halsbandsittich, die als erste in dieser Form in den Dunstkreis des Menschen traten. Dabei mögen unterschiedliche Bedingungen bei Mensch und Vogel eine Rolle gespielt haben, die den Vorgang dann doch ein wenig aus der Zufälligkeit herausrücken und logisch erklärbar machen könnten. So wissen wir, dass viele Papageienarten bereit und in der Lage sind, sich menschennahe Lebensräume beziehungsweise vom Menschen geschaffene Nahrungsquellen in Gestalt von Gärten und feldähnlichen Nutzungsformen zu erschließen, wobei sie ihr natürliches Fluchtverhalten im Sinne einer Annäherung an den Menschen verändern. Sie mögen also dem Menschen auf dem Wege, den die Taube viel konsequenter gegangen ist, ein paar Schritte entgegen gekommen sein. Die Farbenpracht und das kommunikative Verhalten der Vögel können den Menschen, für die „Unterhaltung" noch kein Markt, sondern ein kaum noch definierter Luxus war, nicht entgangen sein, und

so ist ihr Wunsch, dies auf Dauer nicht dem Zufall zu überlassen, sondern die Vögel immer in der Nähe zu haben, das Natürlichste von der Welt. Ihrer habhaft zu werden, dürfte kein Problem gewesen sein, die Menschen verstanden sich auf Vogelfang und das Plündern von Brutstätten, es war noch immer Teil ihrer Überlebenskunst .

Entscheidend dafür, dass sich aus diesen Anfängen eine Papageienhaltung als Sitte entwickelte, war wohl die Entdeckung, dass die Vögel in der Lage und bereit waren, menschliche Laute verständlich nachzuahmen. Das hob sie alsbald aus der übrigen Tierwelt heraus, rückte sie nach dem Verständnis der damaligen Menschen in die Nähe des Menschen, gab ihrer Haltung Kultcharakter und ihnen selber Schutz. (45) Erst mit diesem Schritt vom episodischen Erleben Einzelner zu einer gesellschaftlichen Dimension, zu einem etablierten Teil des gesellschaftlichen Lebens ist Vogelhaltung so, wie wir den Begriff heute verwenden, geboren. Das hat sich nach heutigem Kenntnisstand wahrscheinlich so etwa im 5. bis 7. Jahrhundert v. Chr. vollzogen. Und die Fähigkeit der Papageien zu „sprechen", Stimmen nachzuahmen, blieb für über 2000 Jahre das führende Motiv für Papageienhaltung.

Nach Europa kam die Papageienhaltung wohl mit Alexander dem großen, dessen „General" Onesikritos vom Feldzug nach Indien einige Papageien lebend bis nach Griechenland brachte, wo er sie in Verehrung für seinen Fürsten „Alexander"-Sittich nannte. Mit diesen Vögeln, die offenbar auch des „Sprechens" kundig waren, wurde die Idee, Vögel zu besitzen und sich an ihnen zu erfreuen, in die europäische Kultur getragen. Der Boden dafür war bereitet worden durch den Aufbruch der griechischen Philosophie in die Naturwissenschaften, mit dem ein völlig neues Interesse der Menschen an der Tierwelt geweckt wurde.

Philosophie wurde damals noch auf den Märkten ausgetragen und in einer Sprache, die die Menschen verstanden.

Aristoteles (384-322 v.Chr.) hatte sein naturwissenschaftliches Hauptwerk „Geschichte der Tierwelt" beendet und darin auch ausführlich und mit allerlei neugierig machenden Vermutungen geschmückt die damals bekannte Vogelwelt beschrieben. *Stresemann* (43) meint sogar, dass damals ein bestimmter Anteil der Bevölkerung Interesse an der Vogelkunde gefunden habe, der bis „heute" (also bis in die Mitte des 20. Jahrhunderts) etwa gleich geblieben sei.

Was wir heute als „Vogelhaltung" in der Geschichte suchen, war allerdings damals noch nicht definiert, alles lief unter Vogelkunde, und das blieb bis ins zweite Jahrtausend unserer Zeit so. Gleichwohl dürfen wir rückblickend die aus Indien kommende und im griechischen Raum angesiedelte Haltung von Papageien zum ausschließlichen Zweck der Freude und Erbauung als den Anfang der Vogelhaltung betrachten. Von einer Fortpflanzung dieser Vögel in Menschenhand ist allerdings nichts Verlässliches bekannt, so dass wir „ Vogelzucht" wohl weiterhin als eine wesentlich jüngere Kunst ansehen müssen. Nicht unerwähnt darf bleiben, dass es wohl schon vor dem ersten „Papageienimport" nach Griechenland Kenntnis von diesen Vögeln gab. *Strunden* (45) schreibt, dass ein Bediensteter des Makedonischen Königshofs bereits in einem 397 v. Chr. erschienen Schriftwerk von einem Papageien berichtet, der als Geschenk an diesen Hof gekommen sei. Es soll sich der Beschreibung nach um einen Pflaumenkopfsittich gehandelt haben, also um einen Vogel, der auch aus der indischen Region gestammt haben dürfte.

Überhaupt darf man sich so einen Vorgang wie die Etablierung der Vogelhaltung in Südeuropa nicht als eine Einbahnstraße vorstellen.

Abb. 1: Halsbandsittiche (*Psittacula Krameri*) Im Ausstellungskäfig. Mit dieser Art begann wohl die Papageienhaltung in Europa. Foto: D. Schmidt

Es wurde viel gereist in jener Zeit, viel mehr, als wir uns in Kenntnis der damaligen technischen Mittel heute vorstellen wollen. Die Welt der Griechen reichte bis zur Cholchis, zum indischen Subkontinent, ins Zweistromland, den arabischen Raum und natürlich an alle Küsten des Mittelmeers, namentlich den Norden Afrikas und ganz Ägypten.

In diesem riesigen Raum verbreitete sich die Kunde von den wunderlichen Vögeln rasch und hier boten sich auch Berührungen mit den Quellen, aus denen man der Vögel habhaft werden konnte. Andererseits brachte der Besitz solcher Vögel den Herrschenden, und nur die kamen zunächst dafür in Frage, Staunen und Bewunderung ein, sie wurden rasch zu einer Art Statussymbol. Der Bedarf und der hohe

Abb. 2: Pflaumenkopfsittich (*Psittacula cyanocephala*). Er war als Einzelexemplar vielleicht schon vor dem Alexandersittich in Europa. Links: Pflaumenkopfsittich ♂. Rechts: Pflaumenkopfsittich ♀.

Foto: F. Pfeffer

Preis, den die Vögel erzielten, führte dazu, dass Papageien ganz schnell zum Lieblingsmitbringsel der Handelsreisenden aus dem fernen Osten wurden, das man gut zu Geld machen konnte und das einem vielleicht sogar zu Protektion verhalf.

Man sieht, dass das Prinzip, das im 20. Jahrhundert jene ungeheure Expansion des Vogelhandels und die „Blüte" der Vogelzucht hervorbrachte, drei Jahrhunderte vor Christi Geburt auch schon wirkte und so alt ist, wie die Vogelhaltung selber. Alexandria, eben erst (331 v. Chr.) durch Alexander den Großen gegründete und rasch aufsteigende Stadt an der ägyptischen Mittelmeerküste, wurde innerhalb von nur hundert Jahren zum Hauptumschlagsplatz für Papageien. Erstaunlicherweise wurde auch an diesem afri-

kanischen Ort nur mit asiatischen Papageien gehandelt, und das scheint noch einige Jahrhunderte so geblieben zu sein, wie Nachrichten aus der Gegend des heutigen Algerien aus dem 2. Jahrhundert nahe legen.

Warum die afrikanischen Papageien damals nicht den Weg in Menschenhand fanden, scheint auf den ersten Blick doch sehr verwunderlich. Zwar bedeutete der nordafrikanische Wüstengürtel ein kaum zu überwindendes Hindernis für den Zugang zu den Verbreitungsgebieten der afrikanischen Papageien, aber es gab ja den Nil und das hoch entwickelte Ägypten an seinen Ufern. Entgegen aller „logischen" Erwartung gilt trotzdem heute als sicher, dass in der gesamten vorchristlichen Zeit afrikanische Papageien in

Ägypten unbekannt waren. *Strunden* (45) verweist zu Recht darauf, dass in dem „ darstellungsfreudigen" Ägypten, wo alles, was ins Leben der Menschen trat, irgendwann einmal „in Stein gehauen" wurde, darunter auch zahlreiche Vögel, ein so außergewöhnliches Tier wie ein Papagei nicht undokumentiert geblieben wäre.

Und dann gab es ja auch noch die Phönizier, ein Volk, das, etwa das letzte vorchristliche Jahrtausend ausfüllend, die Ostküste des Mittelmeeres in der Gegend des heutigen Syriens und später den Norden Afrikas im heutigen Tunesien und Algerien besiedelte (Hauptstadt Karthago, besiegt und ausgelöscht von den Römern im dritten punischen Krieg 146 v.Chr.) Diese Phönizier waren die überragenden Seefahrer ihrer Zeit und handelten mit allen Küsten des Mittelmeeres, durchfuhren auch die Meerenge von Gibraltar, sollen möglicherweise sogar bis Amerika gesegelt sein, mit Sicherheit aber entlang der afrikanischen Küste bis in den Golf von Guinea, also in Papageienland. Allein, Papageien haben sie nicht mitgebracht, warum wohl?

Die Antwort liegt in der Kultur der Völker, denen die Entdecker in Afrika begegneten. Es war dort nicht bekannt und nicht üblich und ist es bei den Urvölkern, z. B. den Pygmäen, bis heute nicht, Vögel in Käfigen zu halten. Man kannte das nicht und hat es wahrscheinlich erst im 20. Jahrhundert den europäischen Kolonialisten nachgetan. Die „Entdecker" begegneten also niemals gefangenen Vögeln, sie konnten Vögel bestenfalls im freien Raum fliegen sehen, aber nicht ohne Weiteres in Besitz nehmen.

In Indien dagegen hielt man Halsbandsittiche schon seit Jahrhunderten, bevor Alexander kam und sie mit nach Griechenland nahm und ebenso hielten die Kariben und Mittelamerikaner Aras, als Kolumbus kam und sie ihnen abhan-

delte. In Afrika aber ist Vogelhaltung erst im Zuge der Kolonialisierung durch die Europäer eingeführt worden, also rund 2000 Jahre, nachdem der Halsbandsittich nach Europa kam! (22)

Und bald wurden für die Menschheit auch wieder andere Inhalte ihrer kulturellen Entwicklung interessanter. Die Vogelhaltung versank zwar nicht im Vergessen, aber sie blieb, was sie war, nämlich ein Spiel und Statussymbol der Begüterten. Als solches breitete sie sich langsam über die Völker des damaligen europäischen Kulturraumes aus, ohne wirklich eine Entwicklung zu nehmen. Über Jahrhunderte, ja ein ganzes Jahrtausend lebte sie vom stark zufallsabhängigen Erwerb eingeführter exotischer Vögel, die in immer aufwendigeren Käfigen bei ausgesuchten Gelegenheiten zur Schau gestellt wurden. Weder nahm die Zahl der gehaltenen Arten deutlich zu – zum Kleinen Alexandersittich war mit Sicherheit der große hinzugekommen und wahrscheinlich der Pflaumenkopfsittich – aber dann wird es schon nebulös, was man in der Literatur findet, noch hat man offenbar je versucht, die Vögel in menschlicher Verantwortung nachzuziehen.

Bei *Strunden* (45) findet sich die interessante Angabe, dass Kaiser Augustus nach seinem Sieg über Kleopatra und Antonius im Jahre 29 v. Chr. einen Papagei und einen Raben mit nach Rom gebracht habe, der ebenfalls sprechen konnte. Das mag darauf hindeuten, dass man im Soge der Papageienhaltung oder auch unabhängig von ihr nun auch einheimische Vögel käfigte und für Zwecke der menschlichen Unterhaltung und Erbauung nutzte. Es wäre dann sicher kein Zufall, dass es Raben (oder andere Krähenvögel) waren, die den Anfang machten. Sie waren als Allesfresser und klimatisch anpassungsfähig auch unter damaligen Bedingungen leicht zu halten, und sie bieten mit ihrem sozialen Verhaltensrepertoire gute Voraussetzungen für den Aufbau von

Beziehungen zwischen Mensch und Tier. Entscheidend dürfte aber noch immer die Fähigkeit der Nachahmung gesprochener Sprache gewesen sein, die den Vögeln eine mystische Verklärung einbrachte. (Diese Eigenschaften und Fähigkeiten der Rabenvögel haben sicher auch zu ihrer Rolle in der Mythologie und Kulturgeschichte der nordischen Völker beigetragen.) Bis ins Hochmittelalter hinein, also die Zeit um die erste Jahrtausendwende, gibt es wenig nachgelassene Zeichen für das Interesse der Menschen an der Vogelwelt. Am ehesten noch gibt die seinerzeit geborene Tradition des „Vogelherdes" ein wenig Einblick in den Umgang mit dem Vogel, der dann allerdings wieder ein eher animalischer war. Am Vogelherd wurden Vögel gefangen, vor allem mit Leimruten oder mit Lockvögeln und Schlagnetzen und möglicherweise auch einmal ein paar Tage aufbewahrt, bis entschieden war, ob sie für eine Malzeit taugten. Bei den undifferenzierten Fangmethoden ging natürlich alles „auf den Leim", was zufällig vorbeikam, und manchem wird erst dort ein Licht aufgegangen sein zur Vielfalt der einheimischen Vogelwelt. Es fand so etwas wie eine Wiedergeburt des in der Scholastik eingeschlafenen Interesses an der Vogelwelt statt, und kein geringerer als Heinrich I. (geb.875 – gestorben 936 zu Memleben an der Unstrut, verewigt im Dom zu Magdeburg), Gründungsvater des einstigen Deutschen Reiches hat sich mit seinem ausgeprägten Interesse am Vogelherd den Beinamen Heinrich „der Vogler" verdient.

Aber erst mit Kaiser Friedrich II (1194–1250) gewinnt das Interesse an der Vogelwelt im mitteleuropäischen Raum wieder den Rang eines Naturinteresses mit wissenschaftlichem Anspruch. (43). Er verwirklichte sein Interesse an der Tierwelt durch die Einrichtung zahlreicher Tiergehege, sogenannter Menagerien, darunter solcher für Vögel, namentlich Sumpf-

und Wasservögel. Die hierfür errichteten Anlagen dürfen gerne als die Vorläufer heutiger Wasservogelanlagen, vielleicht sogar der Volierenhaltung gelten. Gehalten wurden europäische Vögel, darunter immerhin z. B. Pelikane, die dann wohl ihren Weg von der unteren Donau nach Mitteleuropa bzw Italien gefunden haben müssen. Das große Vivarium für Wasservögel soll sich in der Nähe des heutigen Foggia befunden haben. Es handelte sich jedenfalls um eine völlig andere Haltungsform als die Stubenkäfighaltung, die die quasi ausschließliche Haltungsform der wenigen Papageienvögel damals darstellte. Und die Haltung erfolgte auch nicht in erster Linie zu Schmuck und Zierde des Besitzers, sondern sie war Voraussetzung für wissenschaftliche Beobachtungen, aus denen ein bedeutendes Buch zur Vogelkunde ersprang. („De arte venandi cum avibus"). Er soll nach Stresemanns Bericht auch für einige Zeit im Besitz eines Haubenkakadus gewesen sein, des dann wohl ersten seiner Art in Europa, der ihm vom Sultan von Babylon 1240 geschenkt worden sein soll und wohl vom malayischen Archipel gekommen war. Friedrich II. ist übrigens auch die Verbreitung der Jagd mit dem Falken, der Falknerei, nach Europa zu verdanken, die im Zweistromland schon im 7. vorchristlichen Jahrhundert bekannt war und im gesamten arabischen Raum, der ja heute noch eine Hochburg dieses Hobbys darstellt, weit verbreitet war.

Diese von sehr verstreuten Einzelinteressen getragene und von vielen Zufällen abhängige „Vogelhaltung" blieb erhalten bis ans Ende des 15. Jahrhunderts. Dann trat jenes Ereignis ein, das die Welt in jeder Hinsicht verändern sollte und selbst so eine Nebensache wie die Vogelzucht in hellen Aufruhr brachte: Christof Kolumbus entdeckte „Amerika".

Es war wohl eine Insel der heutigen Bahamas, mit der am 6. Oktober 1492 die Entdeckung Amerikas begann, aber es schloß sich schon auf dieser ersten Reise und bei drei weiteren in den nächsten 10 Jahren eine große Zahl der großen und kleinen Antillen sowie die Küste des südlichen Mittelamerikas und nördlichen Südamerikas bis ins Gebiet der Orinokomündung an. Und neben eher spärlichen Nachrichten über das erhoffte Gold und interessanten Informationen über andere Reichtümer dieser Gegend der Welt brachte er auch Papageien mit. Schon beim feierlichen Einzug in den Heimathafen in Spanien im April 1493 sollen Aras gezeigt worden sein, die großes Aufsehen und alsbald auch die entsprechenden Begehrlichkeiten erregten.

In der Folge hat nicht nur Kolumbus von seinen weiteren drei Reisen viele Papageien mitgebracht, sondern es brachen alsbald auch zahlreiche andere Seefahrer, namentlich spanische und portugiesische, nach Südamerika auf, und die Verkäuflichkeit mitgebrachter Vögel zu hohen Preisen wurde für sie bald zu mehr als einer „Nebeneinnahme". Für die folgenden drei Jahrhunderte, in denen die Seefahrt so viel zu entdecken hatte auf der Erde, ging ihr der Blick für die Tierwelt, namentlich die bunten Vögel in den neu gefundenen Regionen nicht mehr verloren. Es wurde alles mitgebracht, dessen man habhaft werden konnte, tot oder lebendig. Die Portugiesen, die schon hundert Jahre zuvor das Kap der Guten Hoffnung umsegelt hatten, und etwas später die Seefahrer des aufblühenden Hollands durchquerten nun regelmäßig den Indischen Ozean und brachten gegen Ende des 16. Jahrhunderts und danach Kakadus, Loris und andere Papageien aus Südostasien mit, der Graupapagei und andere afrikanische Papageien lagen an der Westküste Afrikas sozusagen „am Wege". Und so haben wir nun endlich ein Zeichen für die Ankunft des Graupapageien, jener Gallionsfigur der Papageienhaltung, in Europa: Auf

einem Gemälde Lucas Cranachs des Älteren (1472–1553) aus dem Jahre 1520 ist er zweifelsfrei abgebildet.

Gleichwohl kennen wir die genauen Daten der erstmaligen Einfuhr nach Europa von ganz vielen Vogelarten nicht. Neben dem Verkaufsinteresse der Importeure und dem Besitzinteresse der Käufer spielte ein naturkundliches, wissenschaftliches Interesse an den Vögeln eine absolut untergeordnete Rolle und wurde nur von ganz wenigen Einzelpersonen vertreten. So wissen wir am ehesten aus schriftlichen Zeugnissen wie Reiseberichten, Briefen und Ähnlichem und insbesondere aus bildlichen Darstellungen wenigstens einiges über die Menge und Vielfalt damals eingeführter Vögel. Aber die wenigen von *Conrad Gessner* (1516–1565) genannten oder die etwas mehr von *Aldrovandi* (1527–1605) oder noch später bei *Buffon* (1707–1788) beschriebenen Arten stellen sicher nur die Spitze des Eisberges dar.

Die Hauptumgangsform mit den Vögeln war bis dahin die Haltung in sogenannten Menagerien geblieben.

Stresemann (43) berichtet zum Beispiel, dass Kaiser Rudolf II (1552–1612) im eigens dazu errichteten Schloß Neugebäu bei Wien eine riesige Menagerie unterhielt, in der auch eine große Anzahl verschiedener Vögel lebte. Keiner dieser Vögel ist je in lebendem Zustand wissenschaftlich bestimmt worden, aber der Monarch hatte offenbar Freude daran, sie alle durch eigens dazu angestellte Hofmaler (Georg Hoefnagel und Sohn, Jacob Hoefnagel) in Öl verewigen zu lassen. Und so wissen wir aus über neunzig Vogeldarstellungen zuverlässig, dass es da unter anderen „...*einen Blauen Ara (Ara hyacinthina), einen Ara araucana, einen Lori von den Molukken (Lorius garrulus), zwei Inseparables (Agapornis pullaria) von der Guineaküste*..." gab ( ). Es gab dort ferner einen Hokko, ja sogar einen Kasuar, von dem wir wissen, dass er 1597 von den aufstrebenden Holländern aus Java mitgebracht worden und ganz sicher der Erstimport war. Selbst eine Dronte und eine auch aus Mauritius stammende flugunfähige Rallenart waren im Besitz des Kaisers. Beide Arten sind bekanntermaßen später Zeugnisse der Befähigung des Menschen zur Ausrottung von Arten geworden.

Es dauerte schließlich bis in das beginnende 19. Jahrhundert, ehe sich auch die australischen Vogelvorkommen den europäischen Handelsinteressen erschlossen. Wahrscheinlich war der erste Papagei aus dem australischen Raum, der lebend nach Europa kam, ein im Jahre 1831 im Londoner Zoo gezeigter Einfarblaufsittich (*Cyanoramphus unicolor*), eine Art, die später nie eine größere Rolle in der Papageienhaltung spielte und heute in ihrer Neuseeländischen Heimat bedroht ist. Der Zoo London blieb übrigens über ein Jahrhundert bis weit ins 20. Jahrhundert hinein der vielleicht wichtigste Importeur in Europa, wenigstens, was die Vielzahl der Arten angeht. Allerdings finden sich hinsichtlich der Datierung von Erstimporten auch immer wieder Ungereimtheiten, die sich heute nicht mehr zuverlässig ausräumen lassen. So weisen z. B. Nicolai, Steinbacher et al. in ihrem Handbuch der Vogelpflege, Teil Prachtfinken darauf hin, dass Angaben, wonach V*ieillot* schon vor 1805 die Australischen Zebrafinken besessen und vermehrt habe, nicht belegt und wahrscheinlich unrichtig sind.

Binnen drei oder vier Jahrzehnten waren dann aber praktisch alle heute „gängigen" australischen Sittiche und mit ihnen auch eine Reihe Prachtfinkenarten in Europa bekannt, obwohl die Sittiche nicht sofort die Beliebtheit erfuhren, die sie später erlangten. Nach übereinstimmenden Angaben verschiedener Autoren (37,47) wurde unter ihnen der Wellensittich 1840 von John Gould erstmals nach Europa gebracht. Im Gegensatz zu den sehr zahlreichen Arten von Papageienvögeln, die es inzwischen in Europa gab und die so gut wie nie Jungvögel hervorgebracht hatten, weil man es gar nicht versucht hatte oder weil es misslungen war, brachten die Wellensittiche schon nach wenigen Jahren Nachzuchten. Es gibt darüber einen Bericht des Franzosen *Jules Delon* aus dem Jahre 1856, der aber kein „Erstzucht"-Bericht im heutigen Sinne ist, sondern sich auf Erfahrungen über einen Zeitraum von fast 10 Jahren beruft. Man kann daraus ableiten, dass die Erstzucht des Wellensittichs etwa 1847 / 48 in Frankreich gelungen ist. In Deutschland gelang das 1855 der Christiane Louise Wilhelmine Gräfin von Schwerin.

Das Gelingen der Nachzucht des Wellensittichs ist zwar nicht der Anfang, aber ein Meilenstein in der Entstehung der Vogelzucht heutiger Prägung. Es folgten von der Mitte des 19. Jahrhunderts bis zum Beginn des 1. Weltkriegs zahlreiche Arten auch aus anderen Vogelfamilien, namentlich der Prachtfinken, der Cardueliden, Tauben, Hühnervögel und Anatiden. Das war in dieser Breite nur möglich durch den Umstand, dass unter dem Druck umfangreicher Importe die Abgabepreise sanken und sich die Vogelhaltung auch den „kleinen Leuten" erschloß. In diesen Kreisen stand weniger die repräsentative Rolle der Vögel im Vordergrund, als vielmehr das aktive Erleben, dessen absoluter Höhepunkt das Gelingen von Nachzucht war.

Wie dabei der Nebeneffekt einzuordnen war, dass Nachzuchten verkäuflich waren und einen Beitrag zur Haushaltskasse leisten konnten, kann sicher nicht allgemeingültig festgestellt werden. Eine Wirkung dergestalt, dass die massenhaften (und damals noch sehr verlustreichen) Importe von Wildfängen zurückgedrängt worden wären, hat diese Entwicklung allerdings nicht gezeigt. Das war sicher bedingt durch ein sehr breites Interesse in der Bevölkerung an der Vogelhaltung, das noch bis ins 20. Jahrhundert zunahm, hat aber im Vergleich zu heute ebenso sicher etwas damit zu tun, dass die Lebensdauer der Vögel in Menschenobhut noch begrenzt war, stetig also „Nachschub" erforderlich war.

Diese für die Entstehung der modernen Vogelzucht in Deutschland so wichtige Epoche, die die zweite Hälfte des 19. Jahrhunderts darstellt, ist die Zeit des *Karl Ruß (1833 bis 1899)*, der wie kein anderer vor oder nach ihm die Vogelzucht als Wissensgebiet, als kulturelle Aufgabe und kulturelles Erleben, als Kunst und als Feld sozialer Beziehungen von Menschen praktisch und geistig-literarisch befördert hat. Für das Verständnis seines Wirkens ist es aber notwendig, den Blick zunächst auf eine Entwicklung zu richten, die sich parallel zur Geschichte der Haltung exotischer Vögel schon seit über 300 Jahren in Europa zugetragen hatte.

Alles, was wir von den Vorläufern der Vogelzucht bis zum 19. Jahrhundert wissen, ist von der Ornithologie oder im kulturgeschichtlichen Kontext protokolliert. Es gibt bis dahin keine „Geschichte der Vogelzucht", weil sich Vogelhaltung noch nicht als spezifische Sache definiert und sozial etabliert hatte, man weiß gar nicht, ob der Begriff überhaupt schon sprachlich geboren war. So nimmt es kaum Wunder, dass selbst dem großen *Stresemann* entgangen ist oder nicht der Rede wert war, dass sich schon zur Zeit der beginnenden Papageienimporte aus Südamerika, nämlich am Anfang des 16. Jahrhunderts im Südwesten Europas die Kanarienzucht zu entwickeln begonnen hatte, die damit ganz sicher den absoluten Anfang von Vogelzucht in dem Sinne, in dem wir das Wort heute gebrauchen, in Europa markiert.

Es kann als sicher gelten, dass unmittelbar nach dem Ende der spanischen Eroberung der Kanarischen Inseln, die immerhin von 1478–1496 gedauert hatte, Kanarienvögel als Käfigvögel nach Spanien gekommen waren. Dann drängt sich auch die Annahme auf, dass die Spanier sie auf den Inseln bereits in Käfigen vorfanden. Das passt gut zu der inbrünstigen Behauptung eingesessener, traditionsbewusster Insulaner, die die Kanarienhaltung noch Jahrhunderte älter sehen. Beweise dafür gibt es aber bis heute nicht. Weder die Phönizier, die die Inseln schon vor unserer Zeitrechnung kannten, noch arabische Seeleute, die im 11. Jahrhundert dort anlegten, noch die Spanier, Portugiesen und Italiener, die im 14. Jahrhundert dort waren, haben irgend eine Kunde von diesen Vögeln hinterlassen. Die Angabe, dass ein französischer Seefahrer in den siebziger Jahren des 15. Jahrhunderts Kanarienvögel nach Cadiz mitgebracht haben soll, wird von den meisten Autoren, die sich dazu äußern, als unzureichend belegt angesehen. So lassen wir es also dabei, dass 1496 mit der Heimkehr der spanischen Flotte von der Eroberung der Kanarischen Inseln in eben jenem Cadiz die ersten Kanarienvögel europäisches Festland erreichten. Sie gelangten in den Besitz dortiger Klöster, wo die Mönche sehr schnell erkannten, dass die Tierchen gewinnbringend zu verkaufen waren. Bestimmend für ihren Wert war ihr Gesang!

(Hatten wir das nicht schon einmal? Nicht gerade Gesang, aber die Fähigkeit zu bestimmten Lautäußerungen, Sprachnachahmung, war 2 000 Jahre lang das Hauptmotiv für die Haltung von Papageien. Und nun also der Gesang! Das fällt auf angesichts der Tatsache, dass wir uns heute mit Ausnahme der winzigen Gruppe der Gesangskanarienzüchter nahezu ausschließlich visuell mit unseren Vögeln in Beziehung setzen.)

Den spanischen Mönchen gelang alsbald die Nachzucht der Kanarienvögel, und sie errichteten ein einträgliches Handelsmonopol, indem sie nur die teuren männlichen Sänger verkauften. Das gelang ihnen immerhin so um die einhundert Jahre lang, bevor, wahrscheinlich infolge eines Irrtums, auch einige Weibchen nach Italien kamen und sich von hier aus die Kanarienzucht unaufhaltsam über Westeuropa bis nach England ausdehnte. Bedeutende Stationen auf diesem Wege waren Tirol, Augsburg und Nürnberg, die Harzregion, in der der berühmte Harzer Roller hervorgebracht wurde, später auch Belgien, Holland und eben England.

Mit den ersten farblichen Veränderungen der Vögel, die zunächst in einer Zunahme der Gelbanteile im Gefieder bestanden und wohl gegen Ende des 16. Jahrhunderts aufgetreten sein dürften, begann die gezielte züchterische Suche nach andersfarbigen Vögeln, die Zielzucht nahm ihren Anfang. Den ersten Beleg von farbveränderten Kanarien stellt ein Gemälde von *Lazarus Rotring* (geb.n.n. – gest. 1614) dar, das einen überwiegend gelben Kanarienvogel zeigt. Am Ende des 17. Jahrhunderts gab es bereits etliche Farbschläge, aber die Farbenkanarienzucht heutiger Prägung erlebte ihren Höhepunkt erst zu Beginn des 20. Jahrhunderts, weil die Entdeckung der Möglichkeit, den Vogel auch gestaltlich zu verändern, zunächst größeres Interesse bei den Züchtern fand. Um 1650 sollen die ersten Vögel mit Federhauben auf dem Kopf aufgetreten sein, sogenannte Haubenkanarien, und etwa seit dem Beginn des 18. Jahrhunderts wurden andere Federfehlstellungen und Fehlbildungen des Gefieders der Vögel zum Ausgangspunkt für die Zucht sogenannter Frisee-Kanarien.

Etwa um die selbe Zeit und wahrscheinlich in enger ursächlicher Verknüpfung mit den genetischen Veränderungen, die der Frisee-Zucht zugrunde lagen, entstanden die ersten sogenannten Positurkanarien. Das sind Vögel, die durch eine veränderte bis abnorme Körperhaltung auffallen, oftmals verbunden mit Änderungen der Körperproportionen. Bis heute tragen zahlreiche der nun etwa 30 Positurkanarienrassen im Gefieder Frisse- Merkmale, was im Angesicht der Entstehungsgeschichte beider Formen kein Zufall sein dürfte. Den Anfang dieser Entwicklung müssen wir wohl in die Region Flandern lokalisieren, später aber wurde dieser Zweig der Kanarienzucht für lange Zeit eine Domäne der englischen Züchter.

Bis Mitte des 18. Jahrhunderts war der Ursprungsvogel dieser blühenden Kanarienzucht, der Kanarengirlitz, noch nicht wissenschaftlich beschrieben. Gessner und Aldrovandi kannten ihn zwar vom „Hören-Sagen", aber sie haben ihn nie gesehen. Er war ja auch rasch uninteressant geworden hinter den neuen Farben und Formen und dem Gesang des Harzer Rollers. Erst 1758 hat Carl von Linnee den *Serinus canaria* wissenschaftlich beschrieben und eingeordnet.

Dieses Missverhältnis zwischen einer fast schon massenhaften „Nutzung" dieses Vogels in einer kulturellen Dimension und einem eklatanten Desinteresse an seiner biologischen Identität ist aus heutiger Sicht erschütternd (allerdings auch bis heute nicht durchgängig überwunden!). Aber die Zeit der Eroberung der Welt durch den Menschen im 18. und 19. Jahrhundert war nicht die Zeit des Nachdenkens über die Grenzen und Folgen dieses Prozesses, und warum sollten sich dann gerade Vogelzüchter Grenzen setzen. Die neuen Zuchtformen wurden ganz im Gegenteil im main stream der Entfaltung menschlicher Möglichkeiten als Leistungen und Erfolge gefeiert und waren Teil des sich entwickelnden Selbstverständnisses der Menschen als Beherrscher der Welt.

Wenn wir heute einige der damals entstandenen und bis heute weiter entwickelten Zuchtformen kritisch sehen, weil sie Grenzen überschreiten, die wir heute zu bestimmen in der Lage sind, dann ist damit aus gutem Grunde kein moralisches Negativurteil für die Väter dieser Entwicklung verbunden, sie dachten und handelten im Geiste ihrer Zeit. Dieser Geist bestimmte unangefochten noch das ganze 19. Jahrhundert, die Zeit also, in der die massenhaften Importe zahlloser Vogelarten nach Europa ihren Anfang nahmen. Da war die Kanarienzucht bereits eine in sich gefestigte und gesellschaftlich etablierte Sache. Das ihr innewohnende Verständnis von Vogelzucht als der Kunst, die Vögel zu verändern, gestützt und mit getragen von der Geflügelzucht, die neben der Entwicklung wirtschaftlicher Eigenschaften auch die Zucht neuer Rassen im Visier hatte, schwebte in dem Raum, in den die vielen neuen Vögel aus fremden Ländern eintraten und sogleich Objekte menschlicher Begehrlichkeiten in vielerlei Hinsicht wurden.

Das sich damals entwickelnde Selbstverständnis der Vogelzucht, basierend auf uneingeschränkten Naturentnahmen einerseits und dem Recht, mit dem als Eigentum erworbenen Vogel umgehen zu können, wie man will, ist bis in die Mitte des 20. Jahrhunderts nicht ernsthaft kritisch hinterfragt worden, und namentlich die ausschließlich an menschlichen Eigeninteressen orientierte Vogelzucht für Ausstellungszwecke bewahrt Teile davon bis heute als „kulturelles Erbe". Wer sich heute kritisch mit der immer noch unter Vogelzüchtern weit verbreiteten „Sitte" auseinandersetzt, Naturformen – auch von seltenen Vögeln – in Zuchtformen zu verwandeln, sie zu domestizieren, der sollte wissen, dass er sich am historischen Selbstverständnis der Vogelzucht vergreift. Der Umstand, dass mit dem Importverbot für Wildfänge das eine Standbein weggebrochen und damit die Manipulationsmasse für die „Umzüchtung" von Wildformen weggefallen ist, hat bei den Anhängern der

Vogel"zucht" im engeren Sinne keinerlei Reaktion bewirkt. Es wird weiter intensiv an der Schaffung neuer Formen züchterisch gearbeitet, und bald werden die Bestände an artreinen Vögeln in Menschenhand aufgebraucht sein. Das war nun allerdings vor 150 Jahren wirklich noch nicht abzusehen.

Es sind wohl nie wieder in einem begrenzten Zeitraum von wenigen Jahrzehnten so viele neue Vogelarten nach Europa gebracht und später auch zum großen Teil zur Fortpflanzung gebracht worden, wie in den letzten zwei Dritteln des 19. Jahrhunderts. Es war der verständliche Entdeckerdrang, Leben aus fremden Welten kennen zu lernen und zu beherrschen, der die Menschen antrieb, sich an praktisch allem zu versuchen, was erreichbar war. Eine große Anzahl von Importeuren, manche ohne jede Sachkenntnis, machten sich eine goldene Nase mit dem Angebot und Verkauf von Unmengen tropischer Vögel. So wurden z. B. 1868 allein 10 000 Wellensittiche, ausschließlich Wildfänge vom Australischen Kontinent, nach Deutschland eingeführt. Nach überlieferten Schätzungen von Karl Ruß kamen in den 80er Jahren etwa 500 000 bis 800 000 exotische Vögel jährlich nach Deutschland, darunter z. B. 10 000 bis 15 000 Graupapageien. (37) Und trotzdem wuchs der Markt offenbar schneller, als er durch Importe zu befriedigen war, so dass die Anregung, die Nachzucht zu versuchen, auch einen deutlichen wirtschaftlichen Aspekt bekam, um den Absatz nachgezogener Vögel musste man sich keine Sorgen machen! Die Zahl der Vögel, die den Fang, den Transport, die Eingewöhnung in ihrem neuen Umfeld nicht überlebt haben, ist Legende. So wird in der „Gefiederten Welt" Nr. 23 von 1881 berichtet, dass ein „Zoologischer Sammler" namens Plate 125 Pärchen Feigenpapageichen von Borneo aus auf die Reise nach Europa schickte, von denen ganze 3 Exemplare lebend ankamen. In der gleichen Zeitschrift, Nr. 45 von 1898 war zu lesen, dass von den Graupapageien, die aus Afrika kamen, 90 % den Transport und die ersten Tage der Eingewöhnung nicht überlebten! Der Zugriff auf die natürlichen Vogelbestände war rücksichtslos und der Preis, den sie zu zahlen hatten, grausam!

Alle Sünden und Vergehen, die dem Vogelhandel und besonders dem Vogelimport von ihren Gegnern heute vorgeworfen werden, haben tatsächlich stattgefunden! Seitdem ist allerdings das Meiste davon nicht, wie im Dienste ideologisierter Tierschutz- und Tierrechteströmungen immer wieder behauptet wird, „noch viel schlimmer" geworden, sondern im Einklang mit den bedeutenden Fortschritten unseres Wissens und unserer Möglichkeiten grundlegend anders und in jeder Hinsicht besser. In den letzten Jahren der offiziell erlaubten Vogelimporte galten Verluste von 2-3 % als das maximal Hinnehmbare, viele Transporte lagen bei Verlustraten von 1 %, und es gab in Abhängigkeit von den gehandelten Arten und den Umständen auch völlig verlustfreie Importe. Die ethische Katastrophe des tausendfachen qualvollen Vogelsterbens auf Transporten war bereits Geschichte, als mit dem europäischen Importverbot die Bedingungen dafür in Gestalt des Handels mit Wildfängen abgeschafft wurden.

Im Zusammenhang mit der sprunghaften Entwicklung der Vogelhaltung und -zucht in der zweiten Hälfte des 19. Jahrhunderts ist insbesondere jener Karl Ruß (1833–1899) zu würdigen, der in dieser Zeit für die Entwicklung der Vogelzucht in Deutschland als ihr geistiger Führer, ihr Geschichtsschreiber und Literat steht – und zugleich der wahrscheinlich erfolgreichste praktizierende Vogelzüchter seiner Zeit war. Unter seinem Einfluß etablierte sich die Vogelzucht mit all ihren Inhalten, Formen und Wirkungen so in der Gesellschaft, wie sie

noch heute – mit geringen Verschiebungen der Wertigkeit einzelner Elemente – besteht.

Die Vogelhaltung wurde gleichbedeutend mit Vogelzucht, die Nachzucht der in Menschenhand gepflegten Vögel wurde zum entscheidenden Faktor für die Kompetenz und öffentliche Anerkennung der Züchter. K. Ruß selbst soll binnen 30 Jahren 61 Arten als erster in seinen Vogelstuben zur Vermehrung gebracht haben, darunter 17 Prachtfinkenarten (und eine Prachtfinken-Mischlingszucht), 12 (!) Weberarten, 6 Taubenarten und 7 Papageienarten.

Diese Leistung verdient aus heutiger Sicht aber wenigstens zwei kritische Anmerkungen: Die Erstzuchten haben Karl Ruß einen Ruhm eingebracht, den viele andere auch gerne geerntet hätten. Ruß steht mit seinen „Erfolgen" am Anfang eines zeitweilig geradezu süchtigen Begehrens der Vogelzüchter, einmal Erstzüchter einer Art zu sein. Das hat das Interesse der Vogelzucht einseitig auf neue Arten gelenkt und geradezu einen Sog auf die Importeure bewirkt, möglichst viele neue Arten auf den Markt zu bringen, - mit der selbstverständlichen Voraussetzung, sie irgendwo ihren natürlichen Lebensräumen zu entnehmen. Parallel dazu erlosch oftmals das Interesse an einer Art, die mehrmals nachgezogen worden war, relativ schnell und an die Erhaltung ausreichender Bestände einer Art, die ihrerseits die umfangreichen Naturentnahmen überflüssig hätten machen können, war kein Gedanke.

Die „Lichtgestalt" Karl Ruß ist bis heute das Ideal großer Teile der Vogelzüchter, aber die Zeit ist längst über dieses Ideal hinweggegangen. Und zweitens haben die Haltungsbedingungen, unter denen K.Ruß viele Nachzuchten gelangen, heute keinen Anspruch mehr, als tiergerecht oder artgerecht anerkannt zu werden. Aber sie haben sich als die Erfolgsgarantie im Regelwerk der Vogelzucht verewigt und stehen heute der allgemeinen Anerkennung naturnaher Haltungsbedingungen allein deswegen entgegen, weil viele Vogelarten in größeren Volieren tatsächlich nicht so selbstverständlich zur Fortpflanzung schreiten, wie in engeren Behältnissen, „ Nachzuchten" aber noch immer das (inzwischen gelegentlich auch einmal zweifelhafte) Qualitätssiegel der Vogelhaltung darstellen.

Es wurde zu Zeiten von Karl Ruß ein weitgehend übereinstimmendes Verständnis von Vogelzucht über alle Disziplinen hinweg praktiziert und in diesem Sinne auch eine enge Zusammenarbeit gepflegt. Für die Zucht von Papageien und anderen Exoten, Kanarien und einheimischen Vögeln galten die gleichen Grundsätze und Erwartungen, wie in der Hühner- und Taubenzucht, die darauf basierten, dass der Vogel - sein Leben und seine Gesundheit - als Grundlage seiner Reproduktivität einen hohen Wert hatten, den durch Zucht zu vermehren (einschließlich der züchterischen Veränderung) nicht schlechthin legal, sondern das höchste Ziel, der Traum eines jeden Züchters, war.

Die Vogelzüchter begannen sich in Vereinen zu organisieren, oft in Gemeinschaft mit oder angeschlossen an Geflügelzüchter. Karl Ruß selbst gründete am 25. Mai 1875 in Berlin den Vogelzüchterverein „Aegintha". (Der Verein lebte genau 140 Jahre, im Jahre 2015 löste er sich aus Mangel an Mitgliedern auf.) In seiner Begründung für diesen Schritt wies er unter anderem darauf hin, dass ein in Berlin bereits bestehender Verein zu stark von der Geflügelzucht dominiert sei und die Interessen der Vogelzucht wohl besser in „eigener Hand" zu vertreten wären. (37). Gleichwohl bestanden die gemischten Vereine und die gemeinsame Vertretung des Wertes „Vogelzucht" durch Geflügelzüchter und Vogelzüchter noch bis ins erste Viertel des 20. Jahrhunderts, wenn auch mit abnehmender Tendenz, fort. Mit den Ver-

einen entstanden auch die Vogelausstellungen. Ruß selbst vertrat die Auffassung, dass ein Verein sich nur so lange „lebensfähig" zeige, wie er in der Lage sei, „... *befriedigende Ausstellungen zu veranstalten und in denselben das Publikum zu fesseln...*" (37) So führte die Aegintha bereits weniger als ein Jahr nach ihrer Gründung im Januar 1876 eine erste Ausstellung durch, auf der bereits weit über 1 000 Vögel zu sehen waren. Es handelte sich überwiegend um Wildfänge, mit Ausnahme der Kanarien, unter denen aber auch zahlreiche Wildfänge von Kanarengirlitzen waren, was wohl dem Umstand anzurechnen ist, dass Händler zugelassen waren. Alle Vögel wurden bewertet, Karl Ruß selbst beteiligte sich als „Preisrichter".

Der rasante Zuwachs an Wissen und Erfahrungen, der sich aus der Haltung und Vermehrung zahlreicher neuer Arten ergab und das Bedürfnis, davon zu profitieren begründeten die Entstehung der Fachliteratur für Vogelzucht. Allein das literarische Werk von Karl Ruß umspannt mit den Titeln „Einheimische Stubenvögel", „Fremdländische Stubenvögel", „Papageien", „Der Kanarienvogel", „Der Wellensittich", „Amazonen" u.a. m., die in verschiedenen Ausgaben erschienen und mit zahllosen Beiträgen in Zeitschriften praktisch das gesamte Vogelzuchtwissen des ausgehenden 19. Jahrhunderts im deutschsprachigen Raum.

Und im Kontext mit diesen literarischen Bemühungen gründete Karl Ruß 1872 die Zeitschrift „Gefiederte Welt", eine von vielen, die zwischen 1860 und dem Beginn des ersten Weltkriegs entstanden, aber die einzige, die es heute noch gibt – als Bindeglied von Vogelzüchtern eines bestimmten Geistes in Deutschland, Europa und Übersee.

Das 20. Jahrhundert hat, namentlich in seiner ersten Hälfte mit den beiden Weltkriegen, nichts wirklich Neues in der Vogelzucht hervorgebracht. Das Artenspektrum, auf das das Interesse der Vogelzüchter gerichtet war, verschob sich in zwei Richtungen. Kanarien und Wellensittiche produzierten immer mehr neue Farben und Formen und etablierten sich als die großen Schauarten, nach und nach kamen Reisfinken, Zebrafinken, Rosenköpfchen, Halsbandsittich und weitere dazu.

Daneben machte die Nachzucht gefangener Wildvögel nur langsame Fortschritte, weil sie deutlich aufwendiger und weniger erfolgreich war, und weil sie, mit Unterbrechungen durch die beiden Kriege, mit einem umfangreichen Import von Wildfängen zu konkurrieren hatte, die billig waren und immer neue Arten anboten, womit ein Prozeß seinen Anfang nahm, der nach 1950 mit der Überwindung der Kriegsfolgen und dem wirtschaftlichen Aufschwung ins Bodenlose ausuferte.

Die Entwicklung der Inhalte der Vogelzucht vollzog sich im Schoße neuer Vereinsstrukturen.

Schon früh war die Forderung nach einem „Dachverband" der Vogelzüchtervereine laut geworden, womit die Gründung von Vogelzüchtervereinen in der Dimension des ganzen „Reiches", wie das Land damals hieß, gemeint war. 1920 entstand die AZ, der bis heute größte deutsche Vogelzüchterverband. Die beiden Buchstaben standen für „**A**ustausch**z**entrale der Vogelliebhaber und Züchter Deutschlands" und reflektierten zutreffend das Hauptanliegen der Vogelzüchter, den Erwerb und die Weitergabe von Vögeln organisatorisch in die eigene Hand zu legen.

Das war aber nicht der erste Verband für Vogelfreunde in der nunmehrigen Deutschen Republik. Bereits am 1. April 1919 hatte sich unter dem Vorsitz von Karl Meier aus Weimar die „Freie Vereinigung Deutscher Ziergeflügelliebhaber" gegründet, womit deutlich wird, dass sich nun auch die asiatischen Fasane und Wachteln, die amerikanischen Zahnwachteln, Enten-, Gänse- und Schwanenarten sowie viele Taubenarten aus aller Welt in den nach Deutschland gelangten Importen fanden und gehalten und vermehrt wurden. Dann aber fand alles ein rasches Ende. Ende der dreißiger Jahre wurden unter dem Naziregime die Vogelzüchtervereinigungen aufgelöst, in dem Krieg, der dann kam, rückte verständlicherweise Vogelzucht weit in den Hintergrund, und in den Trümmern, die zurückblieben, fand sich Vogelzucht nur noch als Erinnerung in den Köpfen einiger Überlebender – und in Gestalt einiger weniger Vögel, die auf wundersame Weise überlebt hatten. Nach einigen Jahren der Konsolidierung setzte dann in den fünfziger Jahren des 20. Jahrhunderts jene rasante, geradezu explosionsartige Entwicklung der Vogelzucht zu ihrer Blüte in den neunziger Jahren ein, die all das Großartige und das Katastrophale, das die Vogelzucht heute kennzeichnet, hervorgebracht hat.

Das ist allerdings im wahrsten Sinne des Wortes „ein Kapitel für sich" und noch zu gegenwärtig, als dass es in einen „Blick zurück" fiele.

5. Die „Blüte" der Vogelzucht

Unter Vernachlässigung vieler wichtiger Dinge, die nach dem zweiten Weltkrieg in Deutschland geschahen (oder hätten geschehen sollen) ist das „Wirtschaftswunder" allgemein zum Schlagwort für die rasche Erholung Deutschlands und seines gesellschaftlichen Lebens geworden.

Im Soge der raschen wirtschaftlichen Erstarkung (West-)-Deutschlands und der Normalisierung der Lebensverhältnisse der Menschen fand sich alsbald auch die Vogelzucht wieder und trat, beginnend in den fünfziger Jahren einen schier unaufhaltsamen Siegeszug an. In den gut vier Jahrzehnten bis zur Jahrtausendwende erreichte die Vogelzucht in Deutschland in mehrfacher Hinsicht Dimensionen, die heute, nur zwei Jahrzehnte später, nicht mehr vorstellbar sind.

Diese Entwicklung vollzog sich in zwei Richtungen. Zum Einen wuchs unter entscheidender Mitwirkung der Schauwellensittich- und Kanarienzucht die sogenannte Standardzucht rasch zu einer Massenerscheinung heran und dominierte, namentlich durch immer größer werdende Ausstellungen das öffentliche Bild und die öffentliche Meinung zur Vogelzucht.

Zum Anderen ermöglichte der Handel den ungehemmten Import unvorstellbarer Mengen an Wildfängen von immer mehr Arten. Der Handel beschaffte praktisch jeden Vogel, den ein Züchter haben wollte, und das waren viele und immer neue Arten, weil der Besitz oder gar die Zucht von etwas „Ausgefallenem" ein Statussymbol von hohem Range und jeden Preis wert war. An die 2.500 Vogelarten sind – in allerdings sehr unterschiedlichen Stückzahlen von einigen Millionen bis zu wenigen Einzelexemplaren – damals importiert und wohl mehr als Tausend von ihnen auch vermehrt worden, die meisten zum Ruhme ihrer Züchter, die wenigsten in der Absicht, die Art in Menschenobhut zu erhalten. Es gab alles, und es ging alles. Die Ruhmeshalle der Vogelzucht füllte sich und musste ständig erweitert werden, und da war keine Frage nach dem Sinn des Ganzen, nach seinen Wirkungen oder nach seinen Folgen. – Jedenfalls nicht bei den Vogelzüchtern. In der sogenannten Standard- oder Schauzucht zeigte sich sehr bald, dass den Züchtern Kanarienvogel und Wellensittich nicht reichten, und aufbauend auf zufälligen Mutationen der Vögel (später hat man diesem Vorgang auch kräftig nachgeholfen, da der Zufall zu langsam war) entwickelten sie auch von anderen Arten Zuchtformen, die ein praktisch unerschöpfliches Betätigungsfeld und eine starke Motivation interessierter Vogelzüchter hervorbrachten. An die Folgen für die Art oder das Individuum (Qualzuchten, Haltungsbedingungen) wurde kein Gedanke verschwendet.

Und ebenso wenig ließen sich die Halter seltener Arten, die importiert wurden, von Sorgen um das Überleben der Art leiten. Der Besitz an etwas besonderem galt viel und umso mehr, je seltener und damit teurer der Vogel war. Mit Geld ging alles (was allerdings kein Spezifikum der Vogelhaltung war und ist).

Ich bin es den ernsthaften und verantwortungsvollen Menschen unter den Standardzüchtern wie unter den Haltern besonderer Arten schuldig festzustellen, dass es sie in nicht einmal so kleiner Zahl gab und gibt. Sie haben, beginnend damals und bis heute wirkend, teilweise Bedeutendes geleistet, praktisch und moralisch. Standardzüchter haben z. B. wesentlich zur Kenntnis von Vererbungsvorgängen bei ihren Arten beigetragen, Freunde der natürlichen Arten haben diese Arten bis heute in menschlicher Obhut erhalten. Was sie aber beide nicht erreicht haben – und vielleicht auch nicht wirklich wollten –, das ist ein Einfluß auf die Vogelzucht im Sinne eines Selbstverständnisses, das dem Vogel einen Wert lässt, der außerhalb menschlicher Bedürfnisse liegt. Sie haben sich nicht als Gewissen der Vogelzucht hervorgetan, sondern sich in der wärmenden Sonne des Überflusses gealt, genau so wie jene, die sie gewinnbringend erzeugt und jene, die sie gewinnbringend genutzt haben.

So bleibt es dabei: Die Blüte der Vogelzucht war eine Zeit extremer Zugriffe auf die Vogelbestände in der Natur und ausgelassener Züchterfreuden im Dienste der Erzeugung von Zuchtformen für Ausstellungen. – Eine Blüte der Verantwortung für Natur und Leben und für die Erhaltung der Arten in Menschenobhut war sie nicht!

Und so nimmt es nicht Wunder, dass die Blüte der Vogelzucht eben auch die Geburtsstunde der geistigen Bewegungen war, die sich gegen sie richten. Namentlich die Artenschutzbewegung nahm seit den siebziger Jahren im Angesicht der unzähligen Wildfänge bei rückläufigen Naturbeständen einen großen Aufschwung und zog alsbald auch den Tierschutz, der die Haltungsbedingungen der Vögel monierte, in den Strom, der sich kritisch und zuweilen auch feindselig mit der Vogelhaltung auseinander setzte und das bis heute tut.

Einzelheiten hierzu finden sich an vielen Stellen in diesen Betrachtungen, sie müssen hier nicht wiederholt werden. Aber so viel darf man schon noch sagen: die Blüte der Vogelzucht hat für uns, die wir zwanzig Jahre danach leben, eigentlich nur Probleme hinterlassen, einen positiven geschichtsträchtigen Wert hat sie wohl nie dargestellt.

6. Die Kardinalfrage

Darf man wild lebende Vögel (und andere Tiere) aus der Natur entnehmen und darf man sie als „Exoten" in menschlicher Obhut pflegen und vermehren?

Diese Frage ist hoch aktuell, und sie bezieht ihre Eindringlichkeit aus der langsam reifenden Einsicht der Menschen in unseren Breiten, dass wir mit der Natur und all dem Leben darin nicht wirklich vernünftig oder gar verantwortungsvoll umgehen – und aus der Sorge, dass wir den Tieren individuelles Leid zufügen, wenn wir sie ihrem natürlichen Lebensraum entreißen, um sie unter von Menschen geschaffenen Bedingungen leben zu lassen.

Ob sie allerdings als Alternativfrage, auf die man nur Ja oder Nein antworten kann, der tatsächlichen Lage angemessen, in ihrer Entstehung vorurteilsfrei und mit den erhofften Wirkungen sinnvoll ist, das erweist sich bei genauem Hinsehen als äußerst kompliziert.

Und es wird sich zeigen, dass der Vorwurf, der Handel mit exotischen Wildvögeln und deren Haltung in Europa, namentlich in Deutschland, bedrohe die Artenvielfalt in der Natur, schlicht falsch ist, andererseits die tatsächliche Bedrohung des Lebens in der Natur viel größer und unmittelbarer ist, als viele Menschen noch immer meinen. Das Artensterben ist keine Gefahr der Zukunft, sondern ein alltäglicher Vorgang der Gegenwart und täglich für viele Arten vollendet! - Aber nur ganz ausnahmsweise durch den Fang für die Haltung in menschlicher Obhut, jedenfalls bisher.

Es muß einfach zunächst und eindringlich klargestellt werden, dass Naturentnahmen von Vögeln (und Zierfischen, Reptilien, Amphibien, Kleinsäugern) zum Zwecke der Haltung nur eine von vielen Formen des Zugriffs des Menschen auf die Natur darstellen - und bei Weitem nicht die schlimmste. Der Mensch lebt von jeher unter anderem von Tieren. Das hat sich zwar in unserer Zeit zur Haustier- und Nutztierhaltung hin verschoben, und einige Menschen verweigern sich inzwischen ganz und gar der omnivoren Natur des Menschen und essen gar kein Fleisch mehr, aber noch immer gehen wild lebende Tiere in großer Zahl in die Nahrung der Menschen ein.

Soweit Naturentnahme von Tieren zum Zwecke der Nahrungsgewinnung erfolgen, scheint das bis heute von der ganz großen Mehrheit der Menschen für natürlich, weil dem biologischen Wesen des Menschen entsprechend, gehalten zu werden. Fischfang, Jagd -auch auf Vögel (Fasane, Tauben, Enten, Gänse, Zugvögel)- und andere Formen der Nutzung natürlichen Lebens für die Befriedigung menschlicher Ansprüche sind weltweit akzeptiert. Widerstand dagegen bleibt auf kleine Gruppen reduziert, auch wenn manches von deren Argumenten durchaus des Nachdenkens wert wäre. Es ist an der Zeit, einmal die unvorstellbare Anzahl von Individuen, die dabei ausgelöscht werden, ins Bewußtsein zu rufen.

Fische zählen wir eh nicht, sie werden in Tausenden von Tonnen bemessen. Aber sie waren doch, bevor der Mensch sie in diesen Massen „erntete", nicht „übrig", nicht überflüssig, keine Last für die Meere, sondern Teil einer innig verflochtenen Lebensvielfalt in den Meeren. Wir sind nicht nur im Begriffe, die eine oder andere Art direkt auszurotten, wie den Aal, sondern wir nehmen mit einem extrem massenhaften Fischfang vor allem Einfluß auf die Nahrungskette und andere Funktionskreise des Meereslebens, womit wir auch die nicht genutzten Arten bedrohen. Und die

Antwort sind Fangquoten (die längst nicht alle Länder akzeptieren), mit denen die Nutzung des Lebens im Meer für den Menschen nachhaltig gestaltet werden soll. Trotz aller Mängel ist die darin lebende Idee der Nachhaltigkeit wohl das Realistischste, was gegenwärtig möglich ist. Aber Tom Regans Vorwurf, dass die Tiere dieser Welt Ressource des Menschen sind, ist damit kaum zu entkräften.

Das muß vielleicht auch nicht sein, aber die Unverhältnismäßigkeit der Kritik öffentlicher Kräfte an der Haltung von ein paar Fischen in Aquarien gegenüber dem massenhaften wirtschaftlichen Zugriff auf Naturleben ist deutlicher kaum darstellbar.

Und was ist mit der Bekämpfung (= Tötung) von Vögeln als Schädlinge? Jährlich werden Hunderttausende, wahrscheinlich Millionen von Vögeln getötet, weil sie vom Tische des Menschen essen (wollen).

In Afrika werden jährlich riesige Schwärme von Prachtfinken, Webervögeln und anderen kleinen Körnerfressern mitsamt ihren Schlafbäumen in die Luft gesprengt oder großflächig vergiftet. Ähnlich läuft es in südasiatischen Reisanbaugebieten. In Australien werden Kakadus gejagt oder vergiftet, und anderswo andere Vögel. Wer zählt sie eigentlich? Niemand!

Wenn aber 1000 Vögel gefangen und nach Europa transportiert werden zum Zwecke der Haltung und zwei davon den Transport nicht überleben, dann füllt das ganze Seiten von Tageszeitungen und ist Gegnern der Exotenhaltung über viele Jahre ein Argument ihrer Agitation.

Da stimmt in unserer Auseinandersetzung mit den Gefahren, die der Vogelwelt drohen, etwas nicht mit der Verhältnismäßigkeit unseres Urteils, und das setzt sich fort.

In Nordamerika ist der einst so häufige Karolinasittich ausgerottet worden, weil er das Getreide und Obst der Menschen mochte. Völlig ohne jede Mitwirkung der Vogelhalter, die den Sittich kannten und in nicht geringer Zahl hielten und vermehrten. Sie hätten ihn erhalten können, aber es ging so schnell, dass sie es gar nicht gemerkt haben.

Und die einst in riesigen Schwärmen übers Land streichende Wandertaube – auch in Nordamerika – ist mit ganz gewöhnlichem (Ton)-Taubenschießen einfach so ausgerottet worden. Lebensraumzerstörung tat ein Übriges, und die Erhaltung in Menschenobhut misslang, wahrscheinlich wiederum, weil alles zu schnell ging. Wer rechnet das auf gegen den „Schaden", den Natur durch die Haltung von Vögeln in Menschenobhut erfährt?

Jährlich endet für Millionen von Vögel der Vogelzug im Feuer von Schrotflinten, in Fangnetzen, auf Leimruten und in anderen Folterinstrumenten. Diese „Tradition" in Südfrankreich, Spanien, Italien, auf Malta und Kreta und neuerdings und besonders „erfolgreich" auch in Ägypten erntet jährlich Dutzende von Tonnen (!) einheimischer Vögel für dubiose Zwecke, oftmals nur zum Spaß, wie die Tontaubenschützen von Nordamerika.

Es läge so nahe zu erkennen, dass es Schlimmeres gibt, als Vogelhaltung! Aber das Problem erlangt trotz des Bemühens vieler Menschen keine politische Dimension, weil es hinter „wichtigere" Angelegenheiten zurücktritt.

Ganz anders ist das, wenn eine Tierschutzorganisation das Verbot der Haltung exotischer Vögel in Menschenobhut fordert. Dann findet sich das alsbald in Programmen und politischen Absichtserklärungen bestimmter Parteien wieder. Von den Millionen erschlagener Zugvögel oder vergifteter Körnerfresser in Afrika und Asien und den vielen Millionen Vögeln, die in Deutschland jährlich von Katzen gefressen werden, wird damit kein einziger gerettet, und die in der Sicherheit menschlicher Obhut lebenden werden zum Erlöschen verdammt, auch, wenn sie die letzten ihrer Art sind. Man kann sich dem Schluß nicht entziehen, dass es da wohl gar nicht um die Vögel geht, sondern um Gruppeninteressen und Lobbyarbeit, für die die Vögel herhalten müssen.

In der Tat wird der Gesamtverlust an Vögeln durch die perverse Jagd während des Vogelzuges wahrscheinlich noch weit übertroffen durch die Anzahl an Vögeln, die allein in Deutschland jährlich von Katzen gefressen werden! In knapp 20 % der deutschen Haushalte leben rund 7,5 Millionen Katzen, dazu kommen rund 2 Millionen herrenlose Exemplare. Sie erlegen zusammen im Jahr wenigstens 40 Millionen Vögel, eher mehr. Eine Hochrechnung aus an verschiedenen Orten ermittelten Fangzahlen pro Katze und der Anzahl der in Deutschland lebenden Katzen ergab für die ersten 8 Monate eines Jahres den Verlust von 27 Millionen Vögeln! Im gleichen Zeitraum kämen die Katzen auf etwa 50 Millionen Kleinsäuger, überwiegend Mäuse, was bedeutet, dass mehr als jede dritte Beute einer Katze ein Vogel ist. (8)

Wer das akzeptiert, verwirkt jedes moralische Recht, über das „Leid" der Vögel in den Volieren der Vogelhalter zu reden.

Und auch das muß festgestellt werden: Die Katzen trifft keine Schuld! Sie handeln nach dem Naturgesetz, das ihnen auferlegt ist. Aber dass es zu viele von ihnen gibt, das ist eine Schuld des Menschen, für die die Vogelwelt einstehen muß.

Und weitere Schlussfolgerungen darf ich an dieser Stelle dem geneigten Leser überlassen.

Und was ist mit den Monokulturen, die überall in der Welt die natürliche Vielfalt der Lebensräume zerstören und mit ihnen ihre Bewohner, darunter unzählige Vogelarten?

Längst gibt es nicht mehr nur die Getreidesteppen in Nordamerika oder die Ölpalmplantagen, Kaffeeplantagen, Ananasplantagen, Bananenplantagen, Zuckerrohrplantagen im tropischen Gürtel der Erde, sondern auch Mais- und Rapswüsten in Mecklenburg-Vorpommern und Niedersachsen, die nicht der Ernährung, sondern fragwürdiger Energiepolitik dienen (indem das Getreide verbrannt oder destilliert wird), da singt kein Vogel mehr!

Wer zählt die im Straßenverkehr und Flugverkehr jedes Jahr umgebrachten Vögel? Warum redet niemand über die halbe Million Vögel (und ebenso vielen Fledermäuse), die jedes Jahr von Windrädern umgebracht werden? Es kann doch nicht sein, dass im Schatten der in der öffentlichen Meinung mit Recht so positiv besetzten Energiewende der Tod von einer Million Tieren im Jahr verdrängt oder gar hingenommen wird, gleichzeitig aber das angeblich „millionenfache" Leid von Vögeln in Menschenobhut, die immerhin leben dürfen, jeden Tag die Medien füllt.

Da fällt dem Betrachter auf, dass alle Vögel, alle Reptilien und Amphibien, alle Aquarienfische, die von Menschen gehalten werden, keine Nutzung zur menschlichen Selbsterhaltung erfahren, keinen materiellen oder wirtschaftlichen Wert jenseits des Handels für die Menschheit haben. Man braucht sie nicht wirklich, nicht existentiell, sie sind „nur" Gegenstand kultureller Praktiken.

Könnte es sein, dass sich Menschen, vielleicht zu viele Menschen, für diese Tiere eine andere Moral leisten, als für die, die wir essen oder auf andere Art nutzen oder auch erschlagen? Für die Dinge, die wir brauchen (oder haben wollen) hat Bert Brecht die böse Wahrheit formuliert „Erst kommt das Fressen, dann kommt die Moral" (7) Aber wenn wir ihn fragen könnten, käme vielleicht heraus, dass er mit dem schamlosen „Fressen" alles „Nehmen" gemeint hat. Dann wären kulturelle und wirtschaftliche Interessen wieder gleich, aber auch nur gleich (und beide nicht moralisch) und eben nicht so unterschiedlich, wie sie im Alltag beurteilt werden. Oder ist die oftmals so unverhältnismäßig kritische Auseinandersetzung mit der Haltung exotischer Vögel (und anderer Tiere) in Menschenobhut nur ein Exempel, das moralische Unwohlsein, das die Menschen angesichts der gegenwärtigen Praxis des Mensch-Tier-Verhältnisses empfinden, an einer Stelle abzuarbeiten, an der einem nicht der geballte Widerstand einer gewaltigen Ernährungs- und Energieindustrie entgegenschlägt?

Das hieße dann allerdings, das Brett an der dünnsten Stelle zu bohren, und so ist es wohl auch. Praktisch, also für die Bewahrung der Artenvielfalt, ist die Abschaffung der Exotenhaltung ohne Sinn und Wirkung, und die Vermeidung von Tierleid als moralischer Anspruch ist selbstgemacht. An der dünnsten Stelle bohrt, wer schnell ein Loch haben will!

Nein, es gibt wohl kein vernünftiges und in Sonderheit kein moralisches Argument gegen die Feststellung, dass, wenn eine Aneignung von Tieren aus der Natur für materielle Zwecke wie Ernährung oder Rohstoffgewinnung erlaubt ist, eine solche für kulturelle Zwecke auch erlaubt sein muß.

So einfach ist es aber leider nicht, weil zwischen Natur und Kultur der Fang und vor allem der Handel steht, der dann doch wieder das Muster wirtschaftlicher Mechanismen in den Vorgang einträgt. Kultur ist den Vogelfängern erst eingefallen, als sie eine Rechtfertigung brauchten, ihr Motiv war sie in der Regel nicht!

(Es mag Ausnahmen gegeben haben, wie das Schweizer Tierfängerehepaar Charles und Emy Cordier, denen L. Lepperhoff ein schönes Denkmal gesetzt hat, aber auch sie sind an der Abhängigkeit von der wirtschaftlichen Seite des Tierfangs und den sie beherrschenden Kräften gescheitert. (23).

Ein gravierender Unterschied zwischen der wirtschaftlichen und der kulturellen Nutzungsform der Wildtiere wird erstaunlicherweise in der öffentlichen Diskussion kaum bemüht: Die Nutzung von Tieren für Nahrungs- oder andere Wirtschaftszwecke hat immer den Tod des Tieres zur Voraussetzung!

Die „Nutzung" des Tieres für den kulturellen Zweck der Haltung in Menschenobhut hat immer und unbedingt das Leben des Tieres zur Voraussetzung!

Für eine Moral, die sich am Leben als dem höchstes Gut orientiert, sollte dieser Unterschied doch eine gewisse Bedeutung haben, und sei es nur eine „entschuldigende", immerhin könnte ja jedes gehaltene Tier ebenso gut auch getötet worden sein oder werden.

Im Alltag aber ist es so, daß (fast) kein Mensch sich daran stößt, dass jährlich Hunderte Millionen von Fischen, die in den Ozeanen gefangen werden, an Deck der Trowler elendiglich verrecken, wenn sie nicht schon vorher in den überfüllten Netzen zu Tode gequetscht worden sind, andererseits aber das Leben von Vögeln in den Haltungen von Vogelliebhabern (oder von Fischen in Aquarien), die zwar längst nicht alle gut sind, aber alle darauf gerichtet sind, die Bedürfnisse der Tiere so weit zu befriedigen, dass ihr Leben erhalten wird, als „millionenfaches Leid" (Lieblingsformulierung des Deutschen Tierschutzbundes) öffentlich verurteilt und bekämpft wird.

Eine Begünstigung des Lebens im menschlichen Urteil ist hier jedenfalls nicht zu erkennen, und als einen besonderen moralischen Vorzug kann man das schwerlich interpretieren. Vielleicht spielt hier aber auch die an anderer Stelle bereits angedeutete Erfahrung mit, dass Leid von Tieren als Gegenstand ethischen Denkens und Handelns gegenwärtig für viele Menschen eine größere Rolle spielt als das

Leben an sich. Leid hat dabei den besonderen „Vorzug", dass man es selber definieren kann (oder zu können glaubt) einschließlich einer geradezu grenzenlosen Gefühlswelt, in der man sich da ergehen kann, und hinter der die Frage nach Leben oder Nichtleben, und besonders nach dem „Überleben" von Arten und biologischen Lebensgemeinschaften jede Anziehungskraft verliert. Wie nachhaltig das Verhältnis der Menschen zu dem höchsten Gut „Leben" gestört ist, das zeigt sich besonders schmerzhaft in der Geflügelwirtschaft, (die zwar nicht Vogelhaltung im Sinne dieser Betrachtungen ist, letztendlich aber nichts anderes als domestizierte Vögel betrifft), wo jährlich Hunderte Millionen von Küken erzeugt werden, von denen zwischen 45 und 50 Millionen als Eintagsküken im Schredder landen. Da stehen Menschen an Fließbändern und schauen den frisch geschlüpften Küken, die an ihnen vorbeigefahren werden, in die Kloake. Hernach geht es für die so festgestellten „Damen" links zur Legebatterie, die „Herren" rechts in den Schredder. Sie merken ja nichts, besonders wenn man sie vorher noch schnell vergast.

Ob das stimmt? Wer je mit kleinen Küken umgegangen ist, der weiß, dass die Tierchen Angenehmes von Unangenehmem sehr wohl zu unterscheiden wissen, dass sie Zutrauen oder Angst entwickeln können, dass sie einen Fluchtreflex und eine Menge anderer angeborener Verhaltensweisen haben, dass sie einfach Leben sind, das leben will.

Einem Ei mag es egal sein, ob aus ihm ein Küken oder ein Spiegelei wird, einem Küken ist es nicht egal, ob aus ihm ein Huhn oder Kükenbrei wird! Aber hohe Rechtsprechung in Deutschland hat festgestellt, dass ihre Tötung einen „vernünftigen Grund" habe, wie es das Tierschutzgesetz fordert. Dieser „Vernünftige Grund" besteht darin, dass wir ohne dieses Opfer die Millionen Legehennen für die Legebatterien nicht erzeugen könnten mit der Konsequenz, dass wir unsere Konsumgewohnheiten ändern müssten aus rein moralischen Gründen.

Nein, das geht nun wirklich nicht, wie schon Bert Brecht wusste. „Erst kommt das Fressen,..........." Die bittere Wahrheit ist, dass jährlich allein in Deutschland und den von hier aus genutzten Überwinterungsräumen wahrscheinlich mehr als 100 Millionen Vögel im Namen des Menschen vernichtet werden, - ohne die Küken! (Für den gesamten ländlichen Raum der USA und das Jahr 1997 wurde ein Verlust von 1 560 000 000 (!) = 1,56 Milliarden Vögel ermittelt.) (9) Im Vergleich mit diesen (und anderen) Formen des menschlichen Zugriffs auf das Leben in der Natur ist Vogelfang zum Zwecke der Haltung in menschlicher Obhut ein eher winziges Übel und der Vorwurf einiger Tier- und Artenschutzorganisationen, er sei der wesentlichste Bedrohungsfaktor für die natürliche Artenvielfalt, schlicht falsch und der Gebrauch eines solchen Arguments unmoralisch. Wer aber meint, dass er – der Vogelfang - damit auch schon exkulpiert wäre, der irrt leider! Der Vogelfang zum Zwecke der Vermarktung dieser Tiere für die Vogelhaltung hat für die letzten zwei Jahrhunderte Eingriffe in die Natur, den Zugriff auf Tierleben in außerordentlichen Größenordnungen zu verantworten. Allein im 19. Jahrhundert, in dessen Verlauf praktisch alle Regionen der Erde für den Fang von und den Handel mit „Exoten" erschlossen wurden, sind, wenn man die lückenhaften Importbelege und -berichte aus Deutschland, Frankreich, England, Holland und anderen Ländern hochrechnet (oder schätzt), wohl einige 100 Millionen Vögel gefangen worden, von denen kaum mehr als die Hälfte lebend in Europa ankam und nur ein Bruchteil einige Jahre überlebte.

Auch, wenn man das nicht mit heutigen Maßstäben, heutigen Kenntnissen und Einsichten betrachtet und bewertet, kann man das schwerlich als Kulturleistung des Menschen akzeptieren. (Einzelheiten zu diesem Vorgang sind an anderer Stelle ausgeführt)

Viel näher liegen uns da die Erfahrungen aus den letzten Jahrzehnten des 20. Jahrhunderts, die uns darum auch stärker in Verantwortung nehmen. Wieder entwickelte sich – beginnend in den 60er Jahren und jäh endend mit dem europäischen Importverbot im Jahre 2007 – ein Vogelhandel mit Naturentnahmen in riesigen Größenordnungen.

Was der Natur damit angetan wurde, das zeigt sich am deutlichsten an den Exportzahlen der Länder, in denen die Vögel gefangen wurden.

Allein Senegal z. B. (ein eher kleineres unter den afrikanischen Ländern) hat in den 90er Jahren jährlich eine knappe Million Vögel gefangen und exportiert, darunter an die 400.000 Prachtfinken und Girlitze. Mocambique steuerte jährlich 250.000 Vögel zum Welthandel bei und aus dem Verbreitungsgebiet des Graupapageien wurden jährlich 30.000 Tiere auf den Weltmarkt geworfen. Die Reihe der exportierenden Länder ist (war) lang, die Anzahl der gefangenen und exportierten Arten erreichte im Soge der Sucht von Haltern und Händlern nach dem „Besonderen" eine Zahl von etwa 2.500, also einem Viertel aller Vogelarten, und die einzige Informationsquelle zu den Exporten ist die CITES-Stelle, die nur die Anhang II Arten erfasst, so dass eine riesige Anzahl von Arten in Millionen von Individuen im Dunkeln bleibt.

Es ist müßig zu versuchen, die Zahl an Vögeln zu ermitteln, die seit 1950 der Natur überall in der Welt zum Zwecke der Vermarktung in Europa entnommen wurden, es sind unvorstellbar viele Millionen. Da mag es wie ein Wunder scheinen, dass nur wenige Arten nachweislich durch Fang und Handel existentiell in Gefahr geraten sind. Das sind vor allem Vertreter der Papageienfamilie, die nicht nur in unseren Regionen, sondern überall in der Welt allzu viele „Freunde" hat. Das traurigste Beispiel liefert der Spix-Ara, dessen letztes frei lebendes Exemplar ausgerechnet von dem eigens zu seinem Schutz eingesetzten Ranger verhökert wurde. (1) Andere große Ara-Arten, einige Amazonen- und Kakaduartenarten würden sicher irgendwann das Schicksal des Spixaras teilen, wenn sie nicht aufwändig geschützt würden (so dass sie „nur" noch illegal gefangen und gehandelt werden).

Aber von den etwa 1.100 derzeit bedrohten Vogelarten in der Welt sind maximal 20 oder 25 Arten in entscheidendem Maße durch den Fang für Handels- und Haltungszwecke in diesen Status geraten. Etwas schlimmer sieht es da schon mit der Jagd zum Zwecke der Nahrungsgewinnung aus, die nahezu alle ausreichend großen Arten unter den Tauben, Hühnervögeln und Entenvögeln sowie auch einige Papageienarten bedroht. Allerdings geschieht das ja auch nicht zum Vergnügen, sondern für das Überleben. Wenn daran etwas geändert werden soll, dann muß man das Überleben der Menschen anders sicherstellen, statt mit dem Finger auf Vogelhaltung zu zeigen, die damit aber auch gar nichts zu tun hat.

Dagegen fehlt bei keiner der 1.100 als bedroht gelisteten Arten der Hinweis auf Habitatzerstörung, Lebensraumverlust und andere menschliche Willküräkte als Ursache des Niedergangs, und in der Praxis verblassen in der Tat alle anderen Sünden an der lebendigen Welt gegenüber dem rücksichtslosen Vernichtungswerk der Landnutzung.

Auch wenn angesichts dieser Tatsachen der Vorwurf an die Vogelhalter, sie würden mit der Haltung exotischer Tiere, die irgendwann einmal aus tropischen Regionen zu ihnen gelangt sind, zum Artensterben beitragen, weitgehend unzutreffend ist, setzt das noch lange kein „Recht" zur Naturentnahme für Haltungszwecke.

Das größere Vergehen Anderer läßt das kleinere eigene Vergehen nicht moralisch gut werden. Vogelfang für Haltungszwecke ist als „Leistung an der Natur" nicht deshalb besser, weil er viel „kleiner" ist, als die Vernichtungsfeldzüge Anderer.

Und er ist, so, wie sich die traditionelle Vogelhaltung und Vogelzucht bis heute selbst versteht, in jedem gefangenen Exemplar ein tatsächlicher Verlust für die Natur, weil die Artidentität und deren Erhaltung eben nicht als hohes Gut der Vogelzucht gilt, sondern Zuchtvorstellungen zur Erzeugung von Schauformen und allerlei Spielereien nachgeordnet ist. Für diesen Zweck ist jedes natürliche Geschöpf genau so zu schade, wie wenn es eine Katze frisst.

Die Vogelhaltung und Vogelzucht waren von ihrer Geburt an auf das Nehmen von der Natur programmiert, und sie haben ihre Chance verspielt, sich in die Verantwortung für die Natur zu stellen, indem sie die Bewahrung des natürlichen Geschöpfs in Menschenobhut zum Inhalt ihres Tuens und Treibens gemacht hätte.

Die „Schuld", die die Vogelzucht durch die von ihr forcierten Naturentnahmen auf sich genommen hat, ist also nicht nur eine Frage der Zahl der Tiere oder der Arten, sondern eine Frage der Art und Weise, wie damit umgegangen wurde. Gleichviel, ob ungezählte Mengen von Vögeln in inkompetente Hände gekommen und eingegangen sind, oder ob sie von „kompetenten" Händen in die Maschinerie der Rassenzucht geleitet wurden, es war Artenvernichtung im großen Stil. Und es ist ein Glück und eine geniale Leistung der Natur,

dass so viele Arten diesen Prozeß schadlos (?) überlebt haben. Aber vielleicht wird auch nicht überall sorgsam gezählt!

Die natürlichen Bestände des Graupapageien z. B. hat man 15 Jahre nicht gezählt. Jetzt hat man z. B. in Ghana mal wieder nachgeschaut und feststellen müssen, dass über 90 % des einstigen Bestandes an Graupapageien verloren sind. Schuld daran sind Habitatverluste und der Handel, also der Fang. (3) (Dabei haben wir – verbindlich seit 2007, praktisch aber schon seit 2003 – ein europäisches Importverbot! Nach Europa kommen diese Vögel also nicht, jedenfalls nicht massenhaft. Es muß also andere Abnehmer geben, und eine so zentrale Rolle im Vogelhandel scheint Europa und namentlich Deutschland dann wohl doch nicht zu spielen.)

Der Umgang mit dem Graupapageien, jenem Flaggvogel der Vogelhaltung, in den 90er Jahren zeigt exemplarisch, wie sich das mit der Verantwortung für die Natur verhält. In den Vogelhandlungen saßen damals nebeneinander Graupapageien, die in Deutschland gezogen waren, für 800,- bis 900,- DM oder auch etwas mehr und daneben solche, die als Wildfänge (also Naturentnahmen) aus Afrika gekommen waren, für 600,- DM oder auch etwas weniger. . Kaum ein deutscher „Vogelfreund" hat einen Vogel für 900,- DM erworben, so lange es auch einen für 600,- DM gab, die Frage nach der Natur hatte hinter der Frage nach dem Geld nie eine Chance!

Die ganz andere Frage, ob es irgend etwas geholfen hätte im Sinne des Schutzes der Natur vor Tierentnahmen, ist allerdings, wie das Beispiel Ghana zeigt, schon beantwortet, ehe sie gestellt ist, und zwar mit „Nein".

Und dieses erschütternde „Nein" steht auch anderswo als Antwort auf die Frage bereit, ob das europäische Importverbot den Erhalt der natürlichen Arten in ihren natürlichen Verbreitungsgebieten gefördert hat.

Aktuell (2015 / 2016) wird das Beispiel des Graupapageien in Ghana, das für den Vogelfang zum Zwecke des Handelns steht, weit übertroffen durch Entwicklungen in Asien.

Die Weidenammer, ein Vögelchen, das in seinem riesigen Verbreitungsgebiet vom nordöstlichen Europa bis an die Ostküste Asiens in wahrscheinlich um die 100 Mill. Exemplaren lebte, ist binnen 25 Jahren auf einen Bestand von max. 8 Mill. geschrumpft. Die Vögel überqueren bei ihrem jährlichen Vogelzug China und verweilen den Winter über in Südchina und noch südlicheren Regionen. Dort sind sie als „Snack" in Mode gekommen und werden in solchen Mengen gefangen und verzehrt, dass sie bald verschwunden sein könnten.. (17)

100 Millionen Vögel, das ist eine kaum vorstellbare Zahl für uns, und auch im Angesicht von 8 Millionen fällt uns nicht ein, dass das gefährlich wenige sein könnten. Aber inzwischen kommen auf eine Weidenammer 160 Chinesen (!), schlechte Karten für das Vögelchen!

In den Völkerschaften Südostasiens und des Malayischen Archipels ist Vogelhaltung eine alte Sitte. Man fängt sich einfach einen Singvogel und hält ihn im Käfig, Wettbewerbe um den besten Sänger sind weit verbreitet, und „Sieger" haben hohen gesellschaftlichen Rang. Mit der rasanten Zunahme der Besiedlung der Inseln wird nicht nur großflächig der Lebensraum der Vögel zerstört, sondern jeder irgendwie erreichbare Vogel wird für diesen „Kulturzweck" gefangen. Die Lebenserwartung in der Haltung ist extrem gering, der Nachschub wird durch immer neuen Zugriff auf die Natur befriedigt. Die Wirkungen sind nicht mehr zu übersehen: In weiten Landstrichen auf Java z. B. kann man inzwischen sicher sein, dass ein Vogel, den man singen hört, in einem Käfig sitzt, im Freien gibt es keinen mehr! (48) Im gesamten indonesisch-malaiischen Raum findet eine gigantische Singvogelausrottung statt, gegen die kein Kraut gewachsen scheint. An diesem gigantischen Zerstörungsprozeß ist Europa oder Deutschland nicht beteiligt, die „Vermarktung", der Verbrauch dieser Vögel findet ausschließlich im unmittelbaren Umfeld ihrer natürlichen Lebensräume statt.

Trotzdem lautet die deutsche Antwort auf diese Katastrophe: Verbot der Haltung exotischer Vögel (in Deutschland). Das entbehrt nicht nur schlechthin jeden Ursache-Wirkungs-Zusammenhangs, ist also nicht nur sinnlos, sondern fördert auch noch zusätzlich den Niedergang, ja die Auslöschung der spärlichen Bestände an solchen Vögeln in der Haltung verantwortungsvoller Vogelzüchter. Es ist an der Zeit, daran zu erinnern, dass im indochinesischen und malaiischen Raum 3 Milliarden Menschen leben, die sich von den Sitten und rechtlichen Regelungen von 80 Millionen Deutschen nicht in ihre kulturellen Praktiken hineinreden lassen. Oder anders gesagt: Es gibt in Deutschland noch etwa 30.000 Vogelzüchter in den einschlägigen Vereinen oder Verbänden, und wenn man die nicht organisierten und die zufälligen Züchter dazu rechnet, vielleicht 100.000. Die Zahl der reinen „Halter" von Vögeln mag irgendwo bei einer Million liegen, aus naheliegenden Gründen weiß man das nicht so genau. Nach einer Studie des Industrieverbandes Heimtierbedarf und des Zentralverbandes Zoologischer Fachbetriebe pflegen sie zusammen rund 4 Mill. Vögel (mit seit Jahren negativem Trend, der sich bis 2025 in einem Rückgang um weitere 6 % niederschlagen wird.) (49) Der „Bedarf" dieser Halter wird im übrigen ausschließlich aus Nachzuchten gedeckt! Naturentnahmen, „Wildfänge" sind verboten und inzwischen weithin auch verpönt.

Ihnen stehen wenigstens 1 Million Menschen gegenüber, die aus Tierschutz-, Artenschutz- oder Naturschutzgründen oder aus anderen Berufungen in die Vogelhaltung hineinreden, ihre Reglementierung befördern oder ihre Abschaffung fordern. Das ist in Malaysia oder Indochina ein bisschen anders!

Dort gibt es wenigstens 50 Millionen Vogelhalter, die ihren „Bedarf" ausschließlich durch direkten Vogelfang in der Natur decken und jährlich schätzungsweise 200 Millionen, vielleicht auch 300 Mill. Vögel vernichten. (Das ist mehr als das Hundertfache dessen, was jemals in einem Jahr für den Export nach Europa gefangen wurde!!!) Das ist eingebettet in kulturelle Tradition, deren Wirkungen mit der Bevölkerungsexplosion eben auch explodieren. Und es gibt dort sicher keine Million Tier-, Natur- und Artenschützer, die etwas Wirksames dagegen tun könnten!

Für jeden unbefangenen Betrachter liegt auf der Hand, dass auf diese bedrohlichen Entwicklungen in Südostasien mit Haltungsverboten für exotische Vögel in Deutschland oder Europa kein positiver Einfluß erwirkt werden kann, wohl aber eine Zerstörung der Chance, wenigstens einige davon ex situ für ein Weilchen zu bewahren.

Die in europäischen Haltungen lebenden Vögel aus diesem südostasiatischen Raum sind die einzigen und letzten ihrer Art, die einigermaßen sicher leben und einige von Ihnen werden möglicherweise bald die tatsächlich letzten überhaupt sein. Dieses Erbe der Evolution, dieser Genpool darf nicht in den Mühlen unterschiedlicher Artenschutz- und Tierschutzkonzepte zerstört, oder für Rechthaberei geopfert werden. Wenn gesellschaftliche Kräfte schon in diesen Sachverhalt hinein wirken wollen, so sollten sie alle Anstrengung darauf verwenden sicherzustellen, dass solche Vögel ausschließlich mit dem Ziel der Bewahrung ihrer Art gehalten werden dürfen und dies sogar ausdrücklich fördern.

Ein Verbot, sie in menschlicher Obhut zu vermehren, wie es z. B. Teil einer Positivliste sein könnte, steht dagegen in einer Reihe mit allen anderen Mechanismen der Artenzerstörung.

Die eigentliche Frage, ob der Mensch Lebendiges aus der Natur entnehmen und zu seinem Eigentum machen kann, haben wir damit aber nun immer noch nicht beantwortet. Wenn man allerdings sieht, wie das in der Praxis so läuft, dann kann man nur zu dem Schluß kommen, dass sich die Menschheit diese Frage nie gestellt oder sie sofort verworfen hat, um ungestört zu tun, was sie immer getan hat, nämlich von der Natur zu nehmen, was immer sie zu benötigen glaubt.

In der Tat scheint dem Treiben der Menschen in Südostasien und Teilen Afrikas eine solche Beziehung zur Natur, ein selbstverständlicher naturrechtlicher Anspruch zugrunde zu liegen und hätte insoweit sogar ein gewisses Verständnis verdient. Allerdings wird dabei übersehen, dass die Disproportionen zwischen dem rasanten Wachstum der Menschheit und fehlenden Anpassungsmöglichkeiten der Natur, die nicht mit wachsen kann, ja die gleichzeitige ständige Verringerung der natürlichen Kapazitäten der Natur durch menschliche Inanspruchnahme, die Erschöpfbarkeit der lebendigen „Resourcen" zur bedrückenden Realität werden lassen.

Der Mensch ist zwar noch immer ein biologisches Wesen, aber er hat sich im Wege seiner sozialen Evolution aus dem naturgesetzlichen Wirkungskreis verabschiedet und die Inanspruchnahme von Naturrechten verwirkt. Je länger er sich dieser Einsicht verweigert, um so sicherer ist, dass Dutzende, vielleicht Hunderte von Vogelarten und anderen Tieren das im Laufe weniger nächster Jahrzehnte mit dem Aussterben bezahlen werden.

Nicht umsonst haben sich viele Länder Europas und des Amerikanischen Kontinents oder auch Australien Regeln für den Umgang mit der lebendigen Natur gesetzt, die für die Arten einen hohen Schutz bedeuten. Namentlich das Deutsche Naturschutzgesetz macht die Entnahme von Tieren oder Pflanzen aus der Natur für private Zwecke praktisch unmöglich. Das ist sicher ein Grund für die Verlangsamung des Artenrückgangs und die Erholung der einen oder anderen Art, wenn auch Zweifel berechtigt sind, ob das ausreichen wird, die natürliche Vielfalt über die grassierende Industrialisierung hinweg zu retten.

(Die Halter einheimischer Wildvögel müssen daher ihre Bestände ausschließlich mit eigenen Nachzuchten erhalten, und das geht, sogar ohne Mutationen, weil man das will und sorgfältig die der Natur nachempfundenen genetischen Regeln beachtet.)

Die erschütternde Realität des menschlichen Zugriffs auf das Leben in der Natur aber ist weltweit nicht zu stoppen und die quasi alltägliche Demonstration der Ohnmacht gegenüber diesem Treiben macht unsere Frage, ob wir das dürfen, – Tiere aus der Natur zu entnehmen – letztendlich zu einer rein akademischen.

Tatsächlich hat wohl jener Mensch in der Jungsteinzeit, der den ersten Pflock in die Erde schlug und damit sein Stück „Ackerland" kennzeichnete, die Frage für alle nachfolgenden Generationen beantwortet. Er hat den Weg eröffnet zur Inbesitznahme der Welt durch den Menschen, die heute in einem solchen Tempo fortschreitet, dass ihr Ende zeitlich näher scheint, als ihr Anfang. Wer redet angesichts gewaltiger Naturzerstörung durch die Verfolgung von wirtschaftlichen Interessen im tropischen und subtropischen Gürtel der Erde, angesichts der Todesstreifen, die der Goldbergbau in den lebensreichsten Gebieten der Erde, im Amazonasgebiet, hinterlässt, angesichts von Tschernobyl oder des Schicksals des Aralsees, angesichts der „Kollate-

ralschäden", die Dutzende sinnloser Kriege überall in der Welt an Natur und Leben anrichten, angesichts der weltweiten Kontamination von Erde, Luft und Wasser mit Pflanzengiften, Antibiotika und anderen pharmazeutischen Substanzen oder mit verschiedensten Abbaustufen von Millionen Tonnen PlastikKunststoffen, angesichts einer monströsen und weiter steigenden Belastung der Atmosphäre mit den Abgasen der Verbrennungsmotore im Auto-, Schiffs- und Flugverkehr mit der Folge eines Klimawandels, den aufzuhalten die Menschheit unwiderruflich unfähig ist... Wer redet angesichts all dessen von Vogelfang in der Natur – und ob wir das dürfen? Man muß es trotz allem tun! Man muß sich die Frage nach der eigenen Rolle in diesen Prozessen, nach dem Sinn des eigenen Handelns stellen und etwas als sinnvoll und moralisch notwendig Erkanntes auch tun. Dabei darf man den Erfolg des eigenen Handelns nicht zur Bedingung für das Handeln machen . Moralisches Handeln misst sich nicht am Erfolg, sondern an den Werten, von denen es geleitet und auf die es gerichtet ist, es ist um so dringlicher geboten, je mehr diese Werte bedroht sind.

Die unkontrollierte Inbesitznahme von Leben aus der Natur durch den Menschen ist kein Menschenrecht, sondern Machtausübung! Die einzige (in der Praxis ins Unermessliche überdehnte) Rechtfertigung dafür wäre eine Überlebensnotwendigkeit. Eine solche mag für allerlei Eingriffe des Menschen in die Natur unterstellbar sein, für den Fang von Tieren zum Zweck der reinen Freude aber eigentlich nicht.

Aus der Sicht der Natur ist es gleichgültig, für welchen Menschenzweck ihr „Leben" verloren geht, ihr bleibt nur die Bilanz, und die heißt Verlust. Und ob auf Seiten des Menschen die überlebensnotwendigen Eingriffe in die Natur die Entnahme auch für kulturelle Zwecke rechtfertigt, wie wir weiter oben postuliert haben, das ist eine Frage des tatsächlichen Inhalts von „überlebensnotwendig", der nämlich im Wesentlichen wirtschaftliches Profitinteresse ist - oder war. Jetzt sind wir an der Stelle angelangt, wo „überlebensnotwendig" nicht mehr nur Entschuldigung für menschliche Eingriffe in die Natur ist. Für etliche Tier- und Pflanzenarten – und es werden immer mehr – ist es inzwischen „überlebensnotwendig", dass der Mensch sie den sterbenden Lebensräumen entnimmt, um sie in seiner Obhut erst einmal vor dem unmittelbaren Aussterben zu bewahren, unbeschadet ihres unsicheren weiteren Schicksals. Das Motiv des Menschen für seinen Umgang mit der Natur erfährt gerade eine Umkehr, - oder sollte eine solche tunlichst erfahren. Aus der Frage „dürfen wir das?" ist in ganz vielen Fällen längst die Frage geworden „Sollten wir das nicht doch tun, bevor es zu spät ist?"

Die Bewahrung von Arten durch Haltung und Vermehrung in menschlicher Obhut wird für immer mehr Arten die einzige Alternative zu deren Aussterben. Es gab vor Jahren eine politische Parole in Deutschland, die das Aussterben für besser hielt als das Leben in Menschenobhut, aber das war dann doch auch den eingefleischtesten Gegnern der Haltung exotischer Tiere zu „heiß", so dass es nicht politisches Programm wurde.

Da ist es dann doch gut, wenn es Menschen gibt, die sachkundig und in der Lage sind, solche Tiere und Pflanzen zu erhalten und zu vermehren. Es könnte leicht sein, dass eine seriöse und im Sinne einer solchen Aufgabe streng organisierte Vogelhaltung eine Reservearmee der Arterhaltung wird. Und das wäre mehr als eine Rechtfertigung für die Haltung exotischer Vögel.

Noch einmal zur „Grundfrage": Im moralischen Sinne ist alles, was die Natur hervorbringt, Gemeingut der Menschheit und allen anderen Lebens auf der Erde. Die Entnahme eines Tieres für das Endziel „Haltung in menschlicher Obhut" ist gleichbedeutend mit der Umwandlung von Gemeingut der Menschheit in Handelsware mit dem Ziel des materiellen Gewinns, der Entstehung von Eigentum. Das setzt die „Rechte" aller Miteigentümer am Gemeingut willkürlich außer Kraft. Diese doch eigentlich erschütternde Tatsache, die heute wieder beginnt, Menschen zum Protest zu aktivieren, übersieht oder akzeptiert die Menschheit seit jenem Manne, der den ersten Pflock in sein Hirsefeld schlug.

Irgendwann ist es dann auch müßig, sich daran moralisch festzumachen als „Grundfrage" unseres Umgangs mit Natur und Leben.

Die Frage, ob wir das alles dürfen, hat die Menschheit rein lebenspraktisch längst entschieden, aber diese Lebensweise selbst, das „Wie" ist änderbar und deshalb der wesentlich sinnvollere Gegenstand unseres Nachdenkens und Handelns.

Und da stoßen wir alsbald auf die erschütternde Einsicht, dass die Unterlassung der Entnahme von Tieren aus der Natur zu Handels- und Haltungszwecken für das Schicksal der Natur auch nichts bewirkt. Der Traum, die lebendige Welt könne sich erholen und alles wieder „richten", was wir in Unordnung gebracht haben, wenn wir nur aufhören würden, uns einzumischen, ist nicht nur wegen des Ausmaßes, das die Spuren unseres Wirkens auf der Erde erlangt haben illusorisch, nein, er ist vor allem nur der Traum einer wohlmeinenden Minderheit.

Es gibt in der großen Menschheit auf dieser Erde kein einheitliches Ideal, das sie zu einem einheitlichen Handeln leiten könnte. „Menschheit", das ist eine Summenformel ohne Identität. Was der Eine unterlässt, das tut dann eben der Andere, und der Prozeß des Verbrauchs und der Zerstörung der Naturbestände der Tierarten geht z. B. nach so einer scheinbar einschneidenden Maßnahme wie dem europäischen Importverbot für Wildvögel ungebremst und unbeeindruckt weiter. Der einzige Effekt, der erzielt wurde, besteht darin, dass wir Europäer nun „nicht mehr dabei gewesen" sind, als die Vogelwelt Südostasiens vernichtet wurde. Das ist nun wirklich keine moralische Leistung! Wer etwas verändern will in dieser Welt, der muß dabei sein! Das ist freilich ein weites Feld, wie jeder weiß.

Aber die Zerstörung der Natur und unzähliger Lebensformen in Südostasien, Afrika, Südamerika und anderswo ist einfach kein Grund, sich der Haltung der so bedrohten Arten in menschlicher Obhut entgegen zu stellen, weil zwischen beiden Dingen keine Ursache-Wirkungs-Beziehung besteht, wohl aber die Haltung längst das zweite Standbein der Arterhaltung für viele Arten ist, wahrscheinlich für mehr, als wir denken..

Mit der Verarmung der Naturbestände steht dem Vogelfang ein weiteres sehr praktisches Argument entgegen. Das ist aber gar nicht nötig, denn die Vogelhaltung braucht heute die Naturentnahmen in der Art und dem Umfang früherer Jahre überhaupt nicht mehr, sie ist in der Lage, den „Bedarf" durch die natürliche Reproduktion aus den vorhandenen Halterbeständen zu decken. Leider verweigert sie sich aber in ihren traditionellen Strukturen einem auf das Ziel Arterhaltung gerichteten inhaltlichen und organisatorischen Prinzip und setzt auf das spontane Geschehen, das dann so aussieht, dass von einigen Arten, namentlich von Zuchtformen, also domestizierten Formen, Unmengen an Nachkommen produziert werden, während die Erhaltung der Vögel in ihrer natürlichen Erscheinungsform und arteigenem Verhalten Angelegenheit von Einzelnen bleibt. Da der Mensch Arten durch Pflege in mensch-

licher Obhut erhalten kann, könnte die Unterlassung bald zu einer Schuld werden. Man erinnere sich an Hans Jonas: *Der Mensch ist das einzige uns bekannte Wesen, das Verantwortung haben kann. Indem er sie haben kann, hat er sie!!!* Natürlich sind Zweifel an der Möglichkeit, einmal ausgerottete Arten aus Halterbeständen in ihren Heimatbiotopen wieder anzusiedeln oder auf andere Art für unbegrenzte Zeit zu erhalten, nur zu berechtigt, da ja doch die Biotopzerstörung der Hauptgrund für ihr Verschwinden ist und die vollständige Vermeidung von Domestikationsreaktion kaum möglich sein wird. Aber die Hoffnung, dass der Mensch sich auf dieser Erde wenigstens ein paar Inseln der Vernunft leistet, ist auch nicht ganz unbegründet.

Qintessenz: Die Beantwortung der Frage, ob man Vögel der Natur entnehmen darf zum Zwecke der Haltung in menschlicher Obhut kann gegenwärtig keinen vernünftigen Beitrag leisten zur Erhaltung der Arten in ihren natürlichen Lebensräumen und zur Klärung der gesellschaftlichen Stellung von Vogelhaltung und Vogelzucht. Wenigstens 80 % aller gehaltenen Vögel in Deutschland sind mehr oder weniger domestiziert und in unzähligen Rassen gezüchtet, die seit vielen Generationen keine Beziehung zu Naturvögeln mehr haben.

Die noch vorhandenen Bestände an natürlichen Arten werden nach dem europäischen Importverbot für Wildfänge ohne Beteiligung von Naturentnahmen erhalten. Auf lange Sicht wird es nötig sein, die genetische Variabilität und Identität dieser Bestände durch genetische Vermischung mit Wildbeständen (wenn es sie noch geben sollte) zu sichern, eine Rückkehr zu Naturentnahmen für Handelszwecke ist damit nicht zu begründen.

Naturentnahmen (Wildfänge) für Handels- und Besitzzwecke sind aus grundsätzlichen ethischen Erwägungen, denen wir heute verpflichtet sind, abzulehnen. Sie waren aber Inhalt kultureller Praktiken (und sind es in einigen Regionen der Erde heute noch), die ihre Wurzeln tief in der Menschheitsgeschichte haben, was auch in unserem wertenden Urteil erkennbar bleiben sollte. Die heute noch in menschlicher Obhut lebenden Wildtyp-Vögel sind nicht mehr mit Naturentnahmen in Zusammenhang zu bringen, sie stellen aber einen Teil des Gesamtvorkommens der Arten dar, der den gleichen Schutz verdient, wie die frei lebenden Exemplare. Ein - moralisch gerechtfertigtes - Verbot von Naturentnahmen darf deshalb nicht mit einem Verbot der Haltung bereits vorhandener Tiere gleichgesetzt werden.

Der Schutz der Arten in ihren natürlichen Lebensräumen und ihre Bewahrung in menschlicher Obhut sind von gleichrangiger Bedeutung für die Erhaltung der Lebensvielfalt. Und Vogelhaltung an sich entzieht sich der Frage „dürfen wir das" allein durch ihre lange Geschichte als Teil der Kultur des Menschengeschlechts, ihren unersetzlichen Beitrag zum Wissen und zur positiven Naturerfahrung und auch durch das Fehlen jeglicher nachteiliger Wirkung auf die Gesellschaft, die Natur und den betroffenen Vogel - wenn man es richtig macht. Das geschieht allerdings bei weitem nicht immer und wird möglicherweise auch nicht immer mit der rechten Ernsthaftigkeit gewollt.

Mit dem Kritischen an der Vogelhaltung und -zucht und an den Vogelzüchtern und an ihren Kritikern sollen sich daher die nächsten Kapitel dieser Betrachtungen befassen.

7. Die Sache mit der „Freiheit"

Wenn es um die kritische Hinterfragung der Haltung sonst wild lebender Tiere in Menschenobhut geht, dann ist der Vorhalt, der Mensch beraube die Tiere ihrer Freiheit und handle allein deshalb unmoralisch, so allgegenwärtig wie wohlfeil.

„*Artgerecht ist nur die Freiheit*" so nennt Hilal Sezgin folgerichtig ihr haltungskritisches Buch, das um der Ernsthaftigkeit und Geschlossenheit ihrer Überlegungen willen größten Respekt verdient, zugleich aber das physiozentrische Dilemma der ganzen öffentlichen Diskussion zu diesem Thema reflektiert, indem es am Ende doch nicht weiß, was „artgerecht" und was „Freiheit" eigentlich ist. (46)

Wie überall im öffentlichen Sprachgebrauch stehen „artgerecht" und „Freiheit" für Utopien mit hohem moralischen Anspruch, die sich aber zugleich mit hartnäckiger Verweigerung der Realität eher für die Rechtfertigung von Gruppeninteressen eignen als für eine praktikable Veränderung in unserem Leben mit Tieren.

In unserer modernen Gesellschaft am Beginn des 21. Jahrhunderts ist Freiheit ein hoher Wert, der grundgesetzlich garantiert und geschützt ist, - für uns Menschen. Aber was ist eigentlich Freiheit? Wovon und wofür sind wir frei? Wir wollen und sollen nach dem Willen des Verfassungsgebers frei sein von allem, was auf uns im Sinne von Einschränkungen unserer freien Willensentscheidungen wirken könnte (wobei Hirnforscher und Philosophen inzwischen ernste Zweifel daran hegen, dass es den freien Willen wirklich gibt), und wir sollen die Möglichkeit haben für die Realisierung eben unseres freien Willens. Das gilt aber nur in dem geschützten Raum, den das deutsche Grundgesetz umfasst. Wer mit seinem deut-

schen Freiheits- und Rechtsverständnis in Saudi Arabien, im Jemen oder in Afghanistan auftritt, könnte ernsthaft in Gefahr für Leib und Leben geraten. Und viele andere Umstände relativieren die Freiheit des Einzelnen auch innerhalb unseres Systems. Wir haben eine Straßenverkehrsordnung und unzählige andere Vorschriften, die wir zu befolgen haben und wir bekommen viele Dinge, die wir „frei" begehren, nur gegen Geld, das wir haben oder nicht haben, ein Umstand, der die Freiheitsgrade der Menschen stark differenziert.

Über die unvermeidliche Relativität der Freiheit redet man nicht gerne, nicht, wenn es um unseren gesellschaftlichen Alltag geht, und schon gar nicht, wenn man Tieren Freiheit „schenkt". Was die Freiheit eines Tieres ist, worin sie besteht und was sie ihm bedeutet, bleibt dabei völlig offen, jedenfalls fehlt jeder Versuch einer Definition. Stattdessen wird mit der „Freiheit" ein in den Menschenseelen schlummernder Garten Eden aufgerufen, in dem Milch und Honig fließen, nach dem sich jedes Tier sein Leben lang sehnt. Das kann man nicht einfach als „Unsinn" abtun, (der es freilich ist) sondern das muß man entlarven als eine durch und durch unwissenschaftliche, menschlichen Absichten untergeordnete Interpretation des Begriffs Freiheit, und auch, weil es einfließt in die fürchterliche Ideologie der sogenannten „Tierbefreier", für die die zitierte Autorin tatsächlich Sympathie zu empfinden scheint.

Erstens: Tiere, namentlich auch die Vögel, und zwar alle Vögel, auch die so intelligenten neuseeländischen Krähen oder Keas oder die „sprechenden" Graupapageien, die dem staunenden Laien im Fernsehen vorgeführt werden, haben kein wertendes Verständnis von

Freiheit oder Unfreiheit. Das ist unwidersprochener Stand der wissenschaftlich Einsicht in die Hirnfunktionen der Vögel und ändert sich auch nicht, wenn man sich dazu bekennt, dass wir das mentale „Innenleben" der Tiere wahrscheinlich noch immer unterschätzen. Ein Tier, das in einem seiner Art entsprechenden natürlichen Biotop heranwächst, also in der „Freiheit", schafft sich in seinem Gehirn ein Raster aller wesentlichen Elemente seines Lebensraums, in dem es im Zusammenspiel mit den angeborenen Verhaltensalgorithmen alle für sein Überleben notwendigen Entscheidungen abrufen kann. Das wird dem Tier nicht bewusst, und es ist ihm egal, ob wir Menschen seinen Lebensraum Freiheit oder Gefängnis nennen, - wofür eben auch manches spräche, wenn man bedenkt, dass so ein Vogel in der Natur jede Minute bedroht ist, zur Beute eines Prädatoren zu werden, nie sicher sein kann, Futter und Wasser zu finden und als Sklave seiner Triebe jährlich im Dienste der Aufzucht seines Nachwuchses an die Grenze seiner physischen Existenz zu gehen hat, um am Ende doch gefressen zu werden.

Wenn ein in der Wildnis herangewachsenes Tier gefangen und in ein Gehege gesteckt wird, dann stimmt das Raster in seinem Gehirn, in dem seine Lebensvorgänge sich abspielen, nicht mehr mit der (neuen) Realität überein. Das Tier hat ein Problem, „Stress", wie man heute sagt. Es wird sich im positiven Falle relativ schnell die neuen Möglichkeiten des Überlebens, also der Nahrungsaufnahme z. B. aneignen, andere Bestandteile seiner neuen Lebensbedingungen langsamer, und es wird alsbald beginnen, zu vergessen. Es ist mit dem Gehirn genau so wie mit anderen lebenden Organen: was nicht benutzt wird, bildet sich zurück, wird „vergessen". Schon die erste Generation, die unter Gehegebedingungen ins Leben tritt, hat all die Informationen nicht

mehr und nie wieder im „Speicher", die durch Wahrnehmung und Erfahrung in der Natur entstehen. Ein Teil dieses „Rasters", das das Verhalten des Tieres steuert, ist allerdings im Laufe der Evolution genetisch verankert worden und verliert sich, wenn überhaupt, nur über viele Generationen und lange Zeiträume oder gar nicht, wie z. B. das Fliegen bei den Vögeln, das ja auch noch körperbaulich verankert ist.

Die Veränderungen, die Tiere erfahren, wenn sie außerhalb ihrer natürlichen Lebensräume leben, für die hier der Begriff Freiheit steht, führen in Abhängigkeit von der Zeit und der Anzahl von Generationen unweigerlich dazu, dass die Tiere nicht mehr Freiheitsgerecht, freiheitstauglich sind!

Freiheit als Synonym für den natürlichen Lebensraum ist nur dann „artgerecht" (auch so ein Begriff, über den man reden muß), wenn die Art, konkret das Individuum der Art, die physischen Voraussetzungen und die Verhaltensmuster bewahrt hat, die es zum Überleben in der Freiheit braucht. Das ist nur dann der Fall, wenn ein Tier in dieser „Freiheit" geboren wird und durchgehend dort lebt, oder wenn es in Menschenobhut gezielt mit allen Bedingungen konfrontiert wird, denen es in seinem natürlichen Lebensraum begegnen würde - und das ist schwierig, in jedem Falle äußerst aufwendig und manchmal unmöglich. Für die allermeisten in Privathand gehaltenen Tiere sonst wild lebender Arten ist Freiheit „ nur mal so" das sichere Todesurteil.

Und überhaupt: Wo ist die Freiheit, die die evolutionär entstandene Natur mit den ebenso entstandenen Tier- und Pflanzenarten bietet? 90 % davon haben wir bereits erledigt. Im Garten Eden stehen Ölbohrtürme und Ölpalmenplantagen und Stauseen und Rollbahnen und Windräder und pflanzliche Monokulturen für Menschennahrung und Sprit, in den Meeren schwimmen bald mehr Kunststofftüten als Fische und auch das letzte Bächlein im hintersten Winkel dieser Erde führt Wasser, in dem Derivate menschlicher Sexualhormone nachweisbar sind, die von Antibabypillen stammen. Die Freiheit, als damit noch Natur gemeint war, war schon immer ein fragiles Gebilde, inzwischen ist sie überwiegend eine Zumutung, in dreißig oder fünfzig Jahren wird sie Geschichte sein. Das Märchen von der Freiheit der Tiere jedenfalls wird nicht verhindern, dass es so weit kommt, wohl aber vermag es den klaren Blick für diese Gefahr zu verkleistern, wenn er es denn nicht schon ist.

Im Kontext des eingangs zitierten Buches meint die Autorin mit Freiheit aber wohl gar nicht die ursprüngliche Herkunft der Tiere, die uns nun im Alltag begleiten, sondern es geht z. B. um das Schicksal der Tiere in den Tierhaltungen, namentlich in den unsäglichen Massentierhaltungen, also dem naturfernsten Punkt auf einer Skala der Lebensmöglichkeiten von Tieren. Für Tiere, die dort leben, kann jede Änderung ihrer Lebensverhältnisse in der Tat nur „freier" sein. Und wenn es dann z. B. TierschützerInnen gelingt, ein paar Hühner, die ihr Pflichtjahr als Eierproduzenten in einer Legebatterie abgegolten haben und nun einer anderen „Verwertung" zugeführt werden sollen, zu erwerben und vor dem nächsten Schicksalsschlag zu bewahren, sie zu Hause im Garten auszusetzen, wo sie Gras und Erde und Sonne, Wind und Regen – und eine Sitzstange kennen lernen können, dann geht uns das Herz auf, es macht jeden glücklich. Nur: Freiheit ist es nicht! Es ist eine andere Form der Tierhaltung, nämlich die, die das Minimum an menschlichem Anstand praktiziert, das wir den Tieren, die mit uns leben, schuldig sind.

Diese Unterscheidung ist wichtig. Die undifferenzierte Verkündigung der Freiheit für Tiere verleiht der Freilassung von Tieren, die aus allen möglichen Regionen der Welt stammen können, in Deutschland einen moralischen Wert , der in Ansehung des Schadens, den die Natur davon erleidet und des Rechtsbruchs, der dabei praktiziert wird, nicht zu akzeptieren ist. Freiheit ist eine hoch komplexe Angelegenheit. In der Natur wie in der menschlichen Gesellschaft realisieren alle Lebewesen ihre Freiheit nach dem Maß der Umstände, auf die wir Menschen nur bedingt und Tiere keinen Einfluß haben.

Die in einem Gleichgewicht befindlichen äußeren Bedingungen, in denen die Pflanzen und Tiere einer Wiese beispielsweise eine Lebensgemeinschaft bilden, sind für die Beteiligten „ artgerecht". Immerhin leben sie hier und finden sich zurecht. Wenn in eine solche Gemeinschaft ein Fremdling, womöglich noch in größerer Zahl, eindringt und die Fähigkeit mitbringt, Teile dieses Mikrokosmos für sich zu nutzen, so bringt er das Gleichgewicht so weit durcheinander, dass die zur Beute erkorenen Tierarten, die nicht auf diesen Fressfeind eingerichtet sind, aussterben, und wenn sie weg sind, der Neusiedler das gleiche Schicksal erleidet (worauf leider nicht immer Verlaß ist!). Die Freilassung oder das Aussetzen von Tieren aus fernen Regionen der Erde ist nicht artgerecht für die Freigelassenen und zerstört die Artgerechtheit des Lebensraums hiesiger Tiere. „Artgerecht" und „Freiheit" haben im speziellen Falle wenig bis nichts miteinander zu tun und können im Extremfalle sogar gegeneinander stehen! Die Inbrunst in diesem Satz *Artgerecht ist nur die Freiheit"* macht mir Angst.

Die Diskussion um die Freiheit der Tiere, namentlich derer, die sie nicht besitzen, gewinnt ihren emotionalen Gestus aus der Gegenüberstellung zu „Gefangenschaft". Mit „Gefangenschaft" wird das ganze vernichtende

Pauschalurteil der Gegner der Haltung sonst wild lebender Tierarten in einer Vokabel zum Ausdruck gebracht. Aber was ist eigentlich Gefangenschaft?

D. Poley hat hierzu eine Definitioen geliefert: *„In unserer Umgangssprache definieren wir Gefangenschaft als die zwangsweise Gebundenheit an einen – womöglich sehr engen – Ort gegen den individuellen Willen und ohne die Möglichkeit eigener Zeit- und Umweltgestaltung sowie das Fehlen geeigneter Sozial- und Sexualpartner.“ (30)*

An den Einzelinhalten dieser Definition wollen wir das Leben von Vögeln in menschlicher Obhut messen: *...zwangsweise Gebundenheit an einen – womöglich sehr engen – Ort...*: Das ist allerdings die unerlässliche Bedingung für jede Art von Tierhaltung, auch sogar der meisten Nutztiere, die wie ihre „wilden“ Verwandten ohne wirkliche Fluchtabsicht einfach irgendwohin davonlaufen würden, wenn man sie ließe. Sie relativiert sich aber in vielfältiger Weise. *Zwang* steht vor allem ganz am Anfang, wenn Tiere aus der Natur entnommen werden. Nahezu jedes wild lebende Tier widersetzt sich der Inbesitznahme durch ein anderes, es vermag nicht zu unterscheiden zwischen „gefressen werden“ und „gefangen werden“ für einen Zweck, der in seiner beschränkten Vorstellung nicht vorkommt. Der Charakter des „Zwangs“ und die Art und Weise, wie er durch das Tier, den Vogel beispielsweise, reflektiert wird, ändern sich aber im Zuge der Haltung in menschlicher Obhut deutlich, manchmal geradezu dramatisch. In dem Maße, wie es gelingt, dem Tier in seinem Gehege oder seiner Voliere,

Abb. 3: Samthokkos in einer Naturvoliere bei N. Jütten. „Gefangenschaft“ oder doch „Garten Eden“?
Foto. N. Jütten

Abb. 4: Eben ausgeflogene Blattvögel im Bodenbewuchs einer Naturvoliere beim Verfasser. Von „Freiheit" vermissen sie nur den Fressfeind.   Foto: E. Günther

wohl nicht überwunden werden kann; Albatrossen, die normalerweise monatelang unter unwirtlichsten Bedingungen über Zehntausende von Kilometern über die südlichen Ozeane segeln, kann man in menschlicher Obhut wohl kein Äquivalent für ihr natürliches Leben bieten, hier greift der „womöglich sehr enge Ort" der Poley'schen Definition wohl unwiderruflich, während er in den meisten anderen Fällen doch sehr in der gestaltenden Hand des Menschen liegt. Ganz anders wird die Sache, wenn sich die Tiere in menschlicher Obhut über Generationen vermehren. Diese Tiere kennen keinen anderen Lebensraum als ihr Gehege, und von der „Freiheit" bzw dem Lebensraum, aus dem ihre Vorfahren einst kamen (und den es vielleicht gar nicht mehr gibt) haben sie keine Ahnung. Der Bewegungsdrang vieler Arten, gerade bei den Vögeln, ist allerdings als angeborenes Verhalten oftmals so groß, dass regelmäßige Begegnungen mit der Gehegebegrenzung unvermeidlich sind. Das kann natürlich an dem „zu engen Ort" liegen, (mehr hierzu im Abschnitt „Gehege"). Die Deutung dieses Verhaltens als Fluchtabsicht des Vogels, der sich der Halter mit seinen „Einsperrpraktiken" entgegenstellt, ist allerdings erwiesenermaßen falsch! Dabei mag die Erfahrung der Vogelhalter, dass zahlreiche Vogelarten geradezu einen Hang zum Volierendraht entwickeln und dort viel lieber hängen oder klettern, als im natürlichen Bewuchs der Voliere, für den Moment zweitrangig bleiben.

Wichtiger ist, daran zu erinnern, dass der Vogel - nicht nur der in dritter oder vierter Generation in der Voliere zur Welt gekommene, sondern auch der Wildfang – kein wertendes Urteil zu seinen Lebensverhältnissen in der Voliere und kein vergleichendes Urteil zu den Verhältnissen außerhalb seiner Voliere besitzt. Er hat keinen verstandesmäßigen Grund, seinen Lebensraum Voliere zu verlassen, er handelt

seinem neuen Lebensraum also, günstige Lebensbedingungen für die Realisierung seiner arteigenen Lebensgewohnheiten einzuräumen, verliert das Leben in menschlicher Obhut seinen Zwangscharakter.

Es zeigt sich, dass die von uns Menschen so hoch gehaltene Freiheit, die sein natürlicher Lebensraum war, für das Tier eben kein Wert an sich ist, sondern die Resource, in der es sich um die Befriedigung seiner Bedürfnisse kümmern muß. Allerdings ist dieses „sich kümmern" für manches Tier ein so gewichtiger lebensfüllender Teil seiner Existenz, dass das Zwanghafte einer Haltung in Menschenobhut rein triebhaft. Dabei kommt in der Praxis etwas völlig Anderes heraus, als zu „ Gefangenschaft", „Tierquälerei", „Flucht" und anderen diskreditierenden Schlagwörtern der Gegner der Vogelhaltung passt:

Vogelhalter kennen seit vielleicht hundert Jahren, vielleicht auch schon viel länger die Praxis, während der Brutzeit bzw. der Jungenaufzucht die Volieren zu öffnen und den Vögeln „Freiflug" zu gewähren. Das hat sich besonders bei Insektenfressern wie Drosselartigen oder einigen Timalien bewährt, weil die Vögel im natürlichen Umfeld der Volieren das passende Aufzuchtfutter für die Jungen besser finden konnten, als wir es nachzuahmen vermögen. Es zeigt sich, dass die Vögel immer wieder in ihre gewohnte Umwelt zurückkehren, Gefahr, die Vögel zu verlieren, besteht praktisch „nur" durch Fressfeinde, denen Gehegevögel oftmals nicht das komplette Inventar von Schutz- und Fluchtverhalten entgegenstellen können, und durch gelegentliches Verirren. Das droht vor Allem auch am Ende der Aufzucht, wenn die Jungen ausfliegen. In dieser Phase streifen die Altvögel natürlicherweise mit ihrer Hecke in der Gegend umher und haben wenig Bindung an einen festen Standort. Deshalb macht man zu diesem Zeitpunkt die Voliere wieder zu und behält so seine Vögel.

Zur „Flucht" aus dem „Gefängnis" Voliere habe ich eigene Erfahrungen, die einen unvoreingenommenen Menschen immerhin nachdenklich machen sollten: Von einem Pärchen Rotschwanzsivas *(Minla ignotincta)*, einer Timalienart, die ich einige Jahre pflegen durfte, fand sich eines Tages das Männchen außen auf dem Dach der Voliere. Es schien nichts anderes im Sinne zu haben, als so schnell wie möglich wieder hinein zu kommen, und wenige Minuten, nachdem ich ihm die Tür zum Futtergang offen gehalten hatte, war er wieder drinnen. Wie der Vogel herausgekommen war,

habe ich niemals in Erfahrung bringen können. Vögel dieser und ähnlicher Arten verbringen ihr Leben damit, im dichten Gebüsch und engsten Spalten nach Insekten und Spinnen zu jagen, einen winzigen Durchschlupf zu überwinden, ist geradezu Pflicht, der Weg ist das Ziel (!) - und einen Weg zurück braucht man in der Natur nicht. – Aber Partnerbindungen und Wohlfühlbereiche schon! Und das Paar hat im gleichen Jahr zwei Jungvögel groß gezogen! Ein andermal saß plötzlich das Männchen aus einem Paar Safranfinken (Safrangilbammer - *sicalis flaveola*) allein in seiner Voliere. Das Weibchen war bald in den Büschen und Bäumen in der Nähe auszumachen, ließ sich aber nicht anlocken. Am nächsten und den folgenden Tagen war es weg, und für mich stand fest, dass ich es verloren hätte. Am 9.(!) Tag nach seinem Verschwinden, ich hatte die Tür zum Futtergang aus Lüftungsgründen ein Weilchen offen gelassen, saß der Vogel wieder in seiner Voliere. Auch hier habe ich nie herausgefunden, welchen Weg der Vogel genommen hat. Es schien mir auch zweitrangig hinter der Feststellung, dass neun Tage nicht gereicht haben, die „Erinnerung" in dem Vogel zu löschen und ihn von den Vorteilen der „Freiheit" zu überzeugen. Welche Rolle die Paarbildung dabei gespielt haben könnte, ist schwer zu beurteilen, aber man würde ihr sicher eher eine Rolle am Anfang der Trennung der Vögel zumessen. Der Hahn hat jedenfalls am Anfang intensiv gerufen und damit stark nachgelassen, als er sie nicht mehr sah. Aber gerade die Beurteilung dieses Verhaltens ist bei Safranfinken und anderen Kleinvögeln besonders schwer, weil deren Gesamtverhalten in seiner Vielfalt noch nicht erforscht ist.

Solche Beispiele von „Flucht" und Heimkehr gibt es zu Tausenden. Sie legen den Schluß nahe, dass es beim Verlassen des Geheges eben nicht um ein zielgerichtetes Handeln geht, sondern um den Vollzug natürlicher Abläufe des Lebens, die sich bei zufälliger Gelegenheit darin niederschlagen, dass der Vogel plötzlich „draußen" ist. Und dass er dann wieder „ rein" will ist Ausdruck seiner Bindung an die Lebensverhältnisse in der Voliere, mit denen er etwas anfangen kann, ganz im Gegensatz zur plötzlichen „Freiheit", die ihn erschreckt. Es ist offensichtlich, dass „Gefangenschaft" und „Freiheit" nicht nur eine räumliche Dimension haben, sondern nach einer viel komplexeren Sicht verlangen. Die Inhalte, die „Gefangenschaft" oder „Freiheit" ausmachen, erfahren von Fall zu Fall eine völlig unterschiedliche Gewichtung, einige sind sogar gegeneinander austauschbar. Für den Vogel wie jedes andere Tier gilt in jeder Minute seines Lebens die Maxime „ Überleben". Dafür braucht er Nahrung, Wasser, Bewegungsraum, angemessenes Klima, Gesellschaft vielleicht, aber die vom Menschen definierte Freiheit nicht! Und genau so verhält er sich.

In einer großen Fasanenvoliere, die mit Büschen und Bäumen bewachsen ist, ist in der Abdeckung ein kleines Loch entstanden (weil die Bäume eben wachsen und dagegen drücken). Irgendwann entdecken das die Spatzen, und bald sitzen zwölf davon in der Voliere. Das darf nicht sein! Nach dem Bundesnaturschutzgesetz ist die Entnahme von Tieren aus der Natur zum Zwecke der Haltung streng untersagt. Ich will die auch nicht halten, habe ja hundert davon im Garten, also treibe ich sie hinaus. Aber sie weigern sich, sie finden das Loch, durch das sie hereingekommen sind, nicht wieder und den schmalen Türspalt, den ich wegen der Fasanen nicht breiter auftun kann, auch nicht. Also werden alle meine Vögel umquartiert, damit ich die Tür weit öffnen und die Spatzen hinaustreiben kann. Das gelingt dann auch, wenn auch nicht ohne Mühe. Ein aufkommender Regen hindert mich daran, das kleine Loch im Volierendach zu schließen, und am nächsten Vormittag sind sie alle wieder drin!

Ein unvoreingenommener Betrachter kann diesen Vorgang kaum anders deuten, als dass die Vögel erkannt hatten, dass sie in diesem abgeschlossenen Raum immer Futter und Wasser, ein Stück Rasen, Erde und Sand, einen Windschutz und ein Dach über dem Kopf finden konnten, aber keine Katze und keinen Sperber. Gegen diese geballten Überlebensvorteile war die Einengung ihres Lebensraums, die bei manchen Menschen „ Gefangenschaft" heißt, eine zu vernachlässigende Größe.

Und noch ein Wort zu den Gehege-"flüchtlingen": Man begegnet diesem Begriff im Zusammenhang mit den zahlreichen Tierarten, auch vielen Vogelarten, die sich als ursprünglich nicht in unsere Breiten gehörende sogenannte Neozoen bei uns angesiedelt haben. Längst nicht immer ist mit dem Gebrauch dieses Begriffs ein wertendes Urteil verbunden, er ist einfach die kürzeste Fassung einer Aussage zur Herkunft dieser Tiere, und für die allermeisten von ihnen trifft er mehr oder weniger zu, nicht so sehr, was das Individuum angeht, wohl aber, was die jeweilige Art angeht.

Die unerhörte Anzahl von Halsbandsittichen, Mandarinenten oder Nilgänsen, die heute in unserer Natur leben, sind natürlich keine „Ausbruchstiere". Sie gehen auf eher wenige Einzeltiere zurück, die zum Teil schon vor vielen Jahren aus Gehegen entwichen sind oder von verantwortungslosen Vogelzüchtern ausgesetzt wurden. Es bleibt dabei, dass in menschlicher Obhut herangewachsene Tiere schlechte Überlebenschancen haben, wenn sie sich der Betreuung entziehen. Das trifft besonders auf Vögel aus anderen Klimazonen der Erde zu und wird vollends zum unlösbaren Problem, wenn dabei Bindungen an klimatypische Nahrungsangebote bestehen, die in unseren Breiten nicht realisierbar sind. So erklärt sich, dass der mit Abstand häufigste „Stubenvogel" Wellensittich, der sich jede Woche in den Tageszeitungen mit Meldungen wie „Wellensittich entflogen, hört auf den Namen Bubi..." in Erinnerung bringt und jedes Jahr zu Hunderten „entfliegt", eben nicht angesiedelt hat.

Dagegen haben Mandarinenten z. B., deren arteigene Überlebensstrategien einst im fernöstlichen Ussurigebiet geformt wurden, in Mitteleuropa in vielerlei Hinsicht recht gute Karten. Und trotzdem ist es auch bei dieser Art so, dass sich längst nicht jede kleine Population, die sich zufällig einmal auf einem Binnengewässer bildet, längere Zeit hält oder gar vermehrt.

Im krassen Unterschied zur Mandarinente hatte die Nilgans bei ihrer Ansiedlung extreme Klimaunterschiede zwischen ihrer tropischen Herkunft und dem fünfzigsten Breitengrad, an dem wir leben, zu überwinden. Das gelang sicher über das „Training" in menschlichen Haltungen, aber es führt auch zu einer ganz anderen Erkenntnis, dass nämlich die Anpassungsmöglichkeiten der Tiere sich nicht in dem erschöpfen, was ihnen in ihrem natürlichen Lebensraum abverlangt wird. Mehr dazu im Kapitel „Was ist artgerecht?" Zurück zur „Gefangenschaft", die nach der oben zitierten Definition ...*gegen den individuellen Willen und ohne die Möglichkeit eigener Zeit- und Umweltgestaltung....* geschieht.

Diese Inhalte von „Gefangenschaft" sind auf die Haltung von Vögeln in menschlicher Obhut im Wortsinne praktisch nicht anwendbar. Der individuelle Wille ist eine Bewusstseinsleistung, zu der ein Vogel nicht befähigt ist. Es mag in vielen Fällen so sein, dass ein Vogel auf eine Situation genau so reagiert, wie der bewusste Mensch, der sich in diese Situation

hineindenkt, auch handeln würde. Aber diese Analogie sagt nichts über die grundsätzliche Verschiedenheit des Zustandekommens dieser Reaktion aus. Und überhaupt: Wieso soll eine vernünftig erdachte Handlung anders sein als die von der Evolution programmierte? Die von der Evolution geformten Handlungsabläufe sind die erfolgreichsten, deshalb lebt die Art heute noch! Wenn die bewusste geistige Leistung des Menschen zu dem gleichen Ergebnis kommt, dann ist das sehr erfreulich und wünschenswert, aber kein Beweis dafür, dass die Reaktion des Vogels auch einer geistigen Leistung folgt.

Wenn wir aber an die Stelle des individuellen Willens das Triebverhalten der Tiere setzen, dann bedeutet Haltung in menschlicher Obhut wohl doch eine mehr oder weniger strikte Begrenzung der Möglichkeiten, diese auszuleben und damit positiv zu erleben.. Mit Wissen um die Bedürfnisse der Tiere und angemessener Gestaltung ihres Lebensraums ist da manche Abhilfe möglich, aber „Haltung" kommt nun einmal von „halten – festhalten" und würde sich selbst ad absurdum führen, wenn sie darauf verzichten wollte. Also muß Haltung sonst wild lebender Tiere Bedingungen kreieren, die im Sinne der weiter oben dargestellten Umwertung der Elemente von „Gefangenschaft" und „Freiheit" ein letzten Endes vollwertiges Leben an einem Ort, den sich das Tier nicht selbst erwählt hat, garantieren. Und sie kann das. (34)

Eine bewusste *Zeitgestaltung* haben Vögel nicht, aber sie unterliegen zeitlichen Abläufen, denen sie mehr oder weniger ausgeliefert sind. Da sind z. B. die Jahreszeiten, die oftmals entscheidenden Einfluß auf die Ernährungsweise, das Migrationsverhalten, die Fortpflanzung u.a.m. haben oder die tageszeitlich gesteuerten Abläufe wie Nahrungsaufnahme, Gefiederpflege, Ruhe, Sozialkontakte, Schlaf u.s.w., die ihr

Leben zeitlich strukturieren. Diese Abläufe stellen mit Ausnahme der Migration in der Haltung kein generelles Problem dar, sie können auch in der Voliere zum Teil dem natürlichen Verhalten anheim gestellt bleiben oder auch bewusst im Sinne der Vögel gestaltet werden. Ein Blick auf die Praxis der Vogelhaltung zeigt allerdings, dass diese Abläufe „in der Zeit", diese rhythmisch wiederkehrenden Veränderungen äußerer Bedingungen im Leben der Vögel bei der Gestaltung ihrer Lebensverhältnisse in menschlicher Obhut eher nachlässig gehandhabt werden. Das mit großem Aufwand beworbene und inzwischen in Vogelzüchterkreisen weit verbreitet Pelletfutter, „damit ihr Vogel jeden Tag alles hat, was er braucht", hält von natürlichen Biorhythmen offenbar wenig bis gar nichts. Die Vorstellung, dass es den Vögeln damit besser geht, als in der Natur, ist jedenfalls fragwürdig in mehrfacher Hinsicht: Zum einen ist der Vogel eingerichtet auf sein natürliches, wechselvolles Nahrungsangebot, jeden Tag das Bessere zu haben, kann auch ungesund sein. Es gibt sicher genau so viele Vögel in menschlicher Obhut, denen es „zu gut" geht, wie solche, denen es nicht gut geht! Und zum anderen verlernen die Vögel den Umgang mit dem artgemäßen natürlichen Nahrungsangebot, was dann als Domestikationsfaktor wirksam wird.

Weder mit Freiheit noch mit „artgerecht" hat das etwas zu tun, jedenfalls nicht in einem positiven Sinn. In einem jahreszeitlichen oder anderen Rhythmus sich ändernde Angebote an Tageslicht, Wärme, Luftfeuchtigkeit und eben Nahrungsangebot würden jedenfalls der Bewahrung biorhythmischer Anlagen bei den Vögeln besser dienen. Viele Halter und Züchter von Vögeln wissen das und handeln danach, in der öffentlichen „Lehre" von Vogelhaltung spielt es aber noch immer eine untergeordnete Rolle.

Umweltgestaltung schließlich ist nicht Sache der Vögel, die für die Haltung in menschlicher Obhut in Betracht kommen, sondern deren Halter. (siehe Kap. Mindestanforderungen.) *...das Fehlen geeigneter Sozial- und Sexualpartner* als Teil einer Definition von Gefangenschaft bezieht sich für in Menschenobhut gehaltene Vögel bestenfalls auf eine Situation, die seit wenigstens dreißig Jahren überwunden ist und für Vogel**züchter** nie bestanden hat, weil Zucht ohne Sexualpartner nun einmal nicht geht. (noch nicht , aber es gibt Leute, die arbeiten daran, bald auch unsere Volierenvögel künstlich zu besamen, so, wie die Schweine und Kühe in der Massentierhaltung. Es wäre doch gelacht, wenn wir nicht auch das bissel Fortpflanzung der Vögel besser könnten, als sie selber. Nicht alles, was als Fortschritt daher kommt, ist für Jedermann leicht zu ertragen!).

Heute ist das Sozialverhalten der Vögel einer der interessantesten Gegenstände des forschenden Interesses der Vogelhaltung und läuft kaum Gefahr, unterschätzt zu werden. Das erstreckt sich bis in die Stubenvogelhaltung, wo sich z. B. weitgehend die Einsicht durchgesetzt hat, dass für die allermeisten Vogelarten Einzelhaltung eine unzumutbare Verarmung ihres Lebensinhalts darstellt.

Ein Problem, das die hier zu besprechende Frage am Rande berührt, ist die Praxis, dass in den meisten Fällen von Vogelhaltung und in praktisch allen Fällen der gezielten Vogelzucht die Sexualpartner einander nicht selbst wählen, sondern vom Menschen zusammengeführt werden. Praktiker der Vogelzucht und Wissenschaftler sind in den letzten Jahren für dieses Thema sensibilisiert worden, eine klare und allgemeingültige Aussage dazu liegt aber noch nicht vor.

In Sachen Sozial- und Sexualverhalten droht jedenfalls in der modernen Vogelhaltung den Vögeln nichts, was sich für „Gefängnis" oder

„Gefangenschaft" verwenden ließe, eher da und dort ein „Moulin Rouge"

Alles in allem bleibt von der Diskussion um Gefangenschaft und Freiheit der Tiere, auch soweit sie auf Vogelhaltung beziehbar ist, zunächst der Eindruck, dass hier im ethischen Sinne menschliche Werte auf das Leben von Tieren projeziert werden, die für das Tier keine Gültigkeit haben, weil Tiere die Dimension „Wert" nicht besitzen. Zugleich wird die naturwissenschaftliche Kenntnis des Lebens der Tiere, die wir haben einschließlich des umfangreichen Erfahrungswissens, einfach übergangen. Dabei wären die Emotionen „pro Tier", die dem zugrunde liegen, natürlich positiv zu bewerten, aber die Ignoranz gegenüber Tatsachen, die gegen die „Gefangenschafts"-Verteufelung der Vogelhaltung (und anderer Tierhaltungen) sprechen, lässt eher den Schluß zu, dass es vielleicht gar nicht so sehr um die Vögel geht, sondern um die Reglementierung bis Abschaffung der Halter. Und die Verherrlichung der Freiheit als Gegenstück zur „Gefangenschaft" hält einer Hinterfragung auch nicht Stand. „Freiheit" ist ein menschliches Werturteil über eine Lebenslage, die sogenannte Freiheit eines Tieres empfindet nur der Mensch. Das Tier empfindet besten Falles Wohlbefinden, oftmals wohl auch nur in Einzelqualitäten, die wir Menschen dann in unserem Urteil zu „Wohlbefinden" zusammenfügen. Messen können wir es eh nicht und belegen bestenfalls mit Indizien. Und weil die Befriedigung nahezu aller Einzelbedürfnisse der Tiere im Rahmen menschlicher Tierhaltung prinzipiell möglich ist, ist auch ihr „Wohlbefinden" in unserer Obhut möglich! (34)

Freiheit als Leben im angestammten natürlichen Lebensraum bezieht ihre Bedeutung eh nicht aus dem Einzelschicksal von Tieren, sondern aus der Bedeutung einer jeden Art für die Lebensgemeinschaften in definierten Lebensräumen und die Gesamtheit des Lebens auf unserer Erde in seiner komplexen Vielfalt. Die natürlichen Lebensräume, ihre biologische Vielfalt als Grundlage des Lebens sind aber schon jetzt so nahezu hoffnungslos bedroht und schrumpfen in zunehmendem Tempo ihrem Ende entgegen, dass es vielleicht besser wäre, noch ein paar Tiere mehr durch Haltung in menschlicher Verantwortung vor dieser Freiheit zu schützen, statt die Haltung im Schutze des Menschen als Gefangenschaft zu verteufeln.

Es wird wohl so sein, dass die oftmals so unreflektiert, so willkürlich und pressorisch wirkende Diskussion um „Gefangenschaft" und „Freiheit" von Tieren in menschlicher Obhut gar nicht dem Anspruch verpflichtet ist, naturwissenschaftlicher Hinterfragung standzuhalten, sondern sich vielmehr aus aesthetischen und moralischen Empfindungen speist. Es gibt viele überzeugende Gründe, von der Natur in ihrem als Harmonie empfundenen Funktionieren angezogen zu sein und sie zum Maße eigener Vorstellungen, eigener ethischer Positionen zu machen. So weit kann ich folgen und mich selber darin finden.

Nur leben wir eben leider alle, Gegner wie Befürworter der Haltung von Tieren in menschlicher Obhut, nicht in dieser Natur, sondern stehen ihr als Teile der zivilisierten Menschheit, die ihre biologische Dimension längst zur Zweitrangigkeit verurteilt hat und mehr oder weniger ausschließlich ihrer sozialen Dimension verpflichtet ist, gegenüber. Keiner von uns hat je als Gleicher unter Gleichen in der Natur gelebt, und keiner wäre dort auf Dauer ohne die Mittel der Zivilisation überlebensfähig.

Die Anwälte der „Freiheit" reden über etwas, das sie nur in selbst entworfenen Bildern kennen, nie aber gelebt haben! Die Freiheit des Lebens der Tiere in der Natur von heute ist ein Hauen und Stechen, ist Mord und Totschlag, und der größte Totschläger ist der Mensch mit seiner maßlosen Zerstörung der Natur. Das wissen inzwischen (fast) alle, aber die einzige Antwort weltweit lautet „Wachstum", das ist weitere Inanspruchnahme der Natur (gleichbedeutend mit Zerstörung) für menschliche Interessen, das ist das orga-nisierte Sterben von Leben und Aussterben von Arten. Die Haltung sonst wild lebender Tiere in menschlicher Obhut ist für viele und jeden Tag mehr Arten eine Arche Noah. Niemand weiß, ob die Arche jemals Land finden, einem Neuanfang dienen wird, aber ist sie nicht trotzdem tausendmal besser, als der Ruf der Freiheitshüter an einen Ertrinkenden: Schwimm doch selber! ?

8. Was ist eigentlich „artgerecht"?

Wer als Unbefangener das Wort „artgerecht" im Zusammenhang mit Tierhaltung zum ersten Male hört, der glaubt sogleich, genau zu wissen, was gemeint ist, nämlich das Leben bzw. die Haltung von Tieren unter Bedingungen, die den Ansprüchen der Art gerecht werden. (In diesem Sinne ist das Wort auch im vorstehenden Kapitel verwendet worden.) Wenn einem interessierten Menschen im Laufe von zwei oder drei Jahrzehnten dieser Begriff einige Tausend Male begegnet ist, weiß er nichts mehr, möchte er ihn am liebsten aus seinem Sprachgebrauch streichen. Das hat seine Ursache in zwei ganz unterschiedlichen Tatsachen bzw. Entwicklungen, die nichts miteinander zu tun haben, aber in ihrer sinnzerstörenden Wirkung für den Begriff „artgerecht" eine große Synergie entwickeln.

Das ist zum Einen die Tatsache, dass sich Tiere in menschlicher Obhut und auch in ihren angestammten Lebensräumen allzu oft ganz anders verhalten, als wir es als „artgerecht" erwarten, unsere Begriffsbestimmung also offenbar fehlerhaft ist, und zum Anderen der Umstand, dass der mit einem positiven Werturteil belegte Begriff „artgerecht" zum werbewirksamen Warenmerkmal auf dem riesigen Markt der Versorgungsgüter für die Tierhaltung geworden ist, also Wirtschaftsinteressen dienstbar gemacht worden ist. (Das Merkmal „Bio" ist konsequent auf dem Wege in das gleiche Schicksal!)

Gleichwohl hat sich die Gesellschaft offenbar darauf geeinigt, den Begriff „artgerecht" als Ausdruck eines Minimalkonsenses zu akzeptieren, und jeder gebraucht ihn, wann immer er seine gute Absicht oder sein „reines Gewissen" vertreten zu müssen glaubt. (Das „gute Gewissen" ist allerdings eine Erfindung des Teufels, soll Albert Schweitzer gesagt haben, und ganz viele Leute, die ein „reines" Gewissen haben, wissen möglicherweise nicht so ganz genau, was sie da auf sich nehmen.) Dabei kommt heraus, dass er wortgleich für die Freiheitsträumereien der Tierbefreier wie für die haarsträubenden Mindestanforderungen für die Massentierhaltung oder für Plüschtiere als Mausersatz für Stubenkatzen Anwendung findet.

Das Angebot zum Missbrauch des Begriffs „artgerecht" ist allgegenwärtig, und alle machen mit.

So weit es heute noch möglich ist, den Ursprung des Begriffs „artgerecht" zu erkunden, gilt es als wahrscheinlich, dass er nach dem bzw. im Dunstkreis des Tierschutzgesetzes von 1972 in Deutschland geprägt wurde. Poley (31) zitiert aus § 2 des Gesetzes vom 24. Juli 1972: *„Wer ein Tier hält, betreut oder zu betreuen hat, muß dem Tier angemessene artgemäße Nahrung und Pflege sowie eine verhaltensgerechte Unterbringung gewährleisten."* Man darf dem Gesetzgeber bestätigen, dass diese Formulierung deutlich anspruchsvoller ist als das Schlagwort **artgerecht,** das unschwer als eine andere Kombination von Silben aus den Begriffen im Gesetz zu erkennen ist.

Nach der Auffassung von Gewalt (10) sollen es Tierärzte und Rechtsanwälte gewesen sein, die im Rahmen von Veröffentlichungen zum Tierschutz diese Wortschöpfung kreierten, die sich alsbald zum Signum des „richtig liegen's", mindestens aber des „das Gute wollen's" entwickelte.

Leuten, die intensiv mit Tieren umgehen, war von Anfang an klar, dass damit eine Pauschalierung des Art-Begriffs eingeleitet und ein Weg eröffnet wurde, alles Mögliche an

„Gerechtheit" oder „Entsprechung" da hinein zu tragen. Das musste an der Realität scheitern, insbesondere am zuweilen eklatanten Mangel an „Tierwissen" unter jenen Menschen, die sich zu Hütern der „Artgerechtheit" berufen fühlen. (10) Das begann damit, dass als Maß für die Artgerechtheit von Tierhaltung zunächst die Lebensverhältnisse der Tiere in ihren ursprünglichen Lebensräumen angenommen wurden. Dabei wurde und wird davon ausgegangen, dass zwischen den Lebensverhältnissen in einem Biotop und den Ansprüchen und Möglichkeiten einer dort lebenden Art ein Eins zu Eins- Verhältnis besteht, das bei Haltung dieser Art in menschlicher Obhut so nahe wie nur möglich nachgeahmt werden müsse, um der Art gerecht zu werden. Und das ist in ganz vielen Fällen schlicht falsch!

Erstens sind mit Ausnahme hochspezialisierter Arten, die dann allerdings meist auch in sehr speziellen Lebensräumen zu Hause sind, fast alle Tiere darauf eingerichtet, sich an Veränderungen ihrer Lebensumstände anzupassen. Das haben sie über Jahrmillionen so gemacht, diesem Umstand verdanken wir die Artenvielfalt. Sie verhalten sich dabei ganz und gar pragmatisch allein dem Überleben verpflichtet. Eine Zugehörigkeit zu einem Lebensraum, die der Mensch wohl am ehesten ästhetisch begründet, oder auch nur automatisch, weil er das Tier dort zuerst gefunden hat, ist ihnen fremd, und sie würden ihn sofort verlassen, wenn ein paar Kilometer weiter besseres Futter wächst.

Das europäische Wildkaninchen ist in dem ganz anderen Australien – andere Gräser, andere Böden, andere Temperaturen, andere Feinde, wenn auch zu wenige – binnen kürzester Zeit zum Massentier geworden, europäische Ratten hatten kaum ein Problem mit den völlig anderen Bedingungen auf Neuseeland, wo sie bodenbrütende Vögel, die sie nie gesehen hatten, an den Rand des Aussterbens brachten.

Der aus den Wäldern und Gärten des tropischen Indien stammende Halsbandsittich lebt in großer Zahl im nebeligen London, vor einigen Jahren schon sollen es zwei Schwärme von jeweils etwa 5 000 Tieren gewesen sein. Die Nilgans aus dem tropischen Afrika brütet am Rhein und immer öfter auch im Binnenland, und in den Flachwassern des Niederrheins und der Rheinmündung stehen sogar Flamingos. Fischadler und Weißstörche brüten auf den Masten von Hochspannungsleitungen gleich neben dem Wald, und man kann sich kaum vorstellen, „...*wo die Schwalben gesessen haben, bevor es Telephonleitungen gab*" (10) Sie scheinen alle nicht zu wissen, was ihrer Art gerecht ist – oder sollten doch wir Menschen, jedenfalls diejenigen unter uns, die so „artgerecht" denken und handeln, es so genau gar nicht wissen, wie sie glauben? Jedenfalls sind die Bedingungen und Möglichkeiten des natürlichen Lebensraums einer Art offensichtlich keine ausreichende und schon gar nicht die ausschließliche Grundlage für eine praktikable Definition von „artgerecht". Und so nimmt es nicht wunder, dass sich Forderungen nach Haltungsbedingungen, die „ artgerecht" im Sinne der Nachahmung der Naturbedingungen sind, in der Praxis regelmäßig als Flop erweisen.

Da richtet ein Züchter seinen Vögeln eine große, natürlich bewachsene Voliere ein mit allem, was er von den Ansprüchen der von ihm gehaltenen Art weiß, und erlebt fröhliche Vögel, die nie einen Jungvogel aufziehen. Ein anderer hält die selbe Art in einem zwei Meter Verschlag am Hühnerstall unter Bedingungen, die einem Hühner-KZ nur wenig nachstehen, und die Vögel bringen ihm zwei Bruten Nachzucht im Jahr. Das passt einfach nicht!

Vogelzüchter argumentieren oft mit dem Satz: „Meine Vögel vermehren sich, also fühlen sie sich wohl". Mir war dieser Satz nie ganz geheuer, selbst wenn er gelegentlich auch von bedeutenden Kennern der Vogelzucht angewendet wurde. In unserem zitierten Beispiel, das kein Einzelfall, sondern Alltag ist, würde das heißen, dass die Vögel sich im Hühnerstall wohler fühlen als in einer Großvoliere. Dann würden unsere Vorstellungen vom Wohlfühlen nicht stimmen, und das kann ich, zumindest mit dieser Konsequenz, einfach nicht glauben. Also kann nur der Zusammenhang von Wohlfühlen und Fortpflanzung nicht stimmen. Und so wird es dann wohl auch sein.

Fortpflanzung von Vögeln ist eben nicht die Freude zweier einander liebenden Lebewesen an ihrem süßen Baby, sondern harte Arbeit ganz und gar ohne die emotionale Reflexion, die wir aus menschlicher Erfahrung herleiten und unterstellen. Der Vogel zieht eben auch den Kuckuk groß und kommt dabei noch mehr an den Rand seiner physischen Möglichkeiten, als bei seinen „eigenen Kindern", das funktioniert als „Programm", als System und nicht als Wohlgefühl oder Glück.

Neff (27) hat in einem Bericht über die Zucht des Einsiedlerloris eine Auseinandersetzung mit der Frage der naturnahen Haltungsbedingungen und der Zuchtwahrscheinlichkeit geführt und sich im Hinblick auf den Zuchterfolg klar für eine auf wenige Eckdaten reduzierte Verarmung der Haltungsbedingungen als Auslöser und Erfolgsgarant für Nachzuchten ausgesprochen. Die Erklärung überzeugt, was den Erfolg angeht, gibt aber auch keine befriedigende Antwort auf die Frage, warum eben diese Eckdaten, wenn man sie unter geräumigeren Bedingungen um weitere Elemente ergänzt, nicht mehr wirken. In die Erforschung dieser Zusammenhänge ist meines Erachtens in der Vergangenheit zu wenig Mühe investiert worden. Statt dessen akzeptiert man unser Nichtwissen selbst bis auf die Ebene des Verordnungsgebers: In den Mindestanforderungen für die Haltung von Papageien z. B. (siehe dort) wird ausdrücklich erlaubt, Agaporniden und Sperlingspapageien während der Fortpflanzungsperiode in Käfigen von 80x40x40 cm zu halten, weil einige dieser Arten in Volieren kaum oder gar nicht zur Fortpflanzung schreiten. Das kann man auch eine Kapitulation nennen, und man kann die so lange akzeptieren, wie es um der Erhaltung eines ausreichenden Bestandes dieser Arten in Menschenobhut willen unerlässlich war. Aber inzwischen ist der Markt so übervoll an Agaporniden und vielen anderen Arten, dass man das Risiko fehlender Nachzuchten nun ohne weiteres eingehen könnte, um damit das natürliche Verhalten dieser Vögel weiter zu erkunden.

Und dann gibt es wieder andere Arten, bei denen es genau umgekehrt funktioniert, die also in engen Käfigen niemals brüten, wohl aber in großzügig eingerichteten Volieren. Es bleibt dabei: Was wir als artgerecht (artgemäß und verhaltensgerecht) im Sinne der Vögel „vorausdenken" ist allzu oft nicht das, was die Vögel in der konkreten Situation wirklich anspricht und in ihre Verhaltensabläufe Eingang findet. Das Vermögen der Tiere, Veränderungen ihrer Umwelt anzunehmen und in ihre Lebensabläufe einzubeziehen, erstreckt sich sichtlich auch auf Bedingungen, die der Mensch schafft, einschließlich Haltungsbedingungen, aber es läuft offensichtlich nicht nach den Schemata ab, die wir von der Naturbeobachtung her unterstellen. Auch ist diese Fähigkeit bei der Vielzahl der Arten unterschiedlich ausgeprägt, von vielen kennen wir sie noch gar nicht, und sie findet ihre Grenze heute vor allem in dem Tempo, mit dem die Menschheit die Welt verändert. Überall dort, wo körperliche Veränderungen als Anpassung an veränderte Lebensbedingungen erforderlich wären, bedürfte es evolutionärer Zeiträume, die uns und der Natur nicht mehr zur Verfügung stehen.

Verhaltensanpassungen schaffen Tiere aller Gattungen dagegen oftmals recht schnell, und das wird für viele von ihnen die einzige Chance sein, die nächsten fünfzig oder hundert Jahre zu überleben.

Wenn wir Menschen diesen Prozeß verantwortungsbewusst begleiten wollen, werden wir auf die Kenntnis des Tierverhaltens aus der Haltung sonst wild lebender Tiere nicht verzichten können. Ob die dann nach irgend einer Definition „artgerecht" ist, das entscheiden die Tiere, indem sie die Angebote der Menschen annehmen oder eben nicht. *Denn „artgerecht" ist nicht mehr und nicht weniger als alles, womit eine Art zurecht kommt* (10). Diese Aussage muß einen dem Naturideal verbundenen Menschen zutiefst erschrecken, sie scheint geschaffen zugunsten der Haltung sonst wild lebender Tiere durch den Menschen, zugunsten einer Manipulation der Lebensbedingungen der Tiere. Sie scheint unser aus der Naturbeobachtung kommendes empirisches Wissen um die natürlichen Bedürfnisse der Tiere zweitrangig zu machen. Aber wir haben schon gesehen und werden weitere Beispiele dazu erfahren, wie uns die Tiere, namentlich auch unsere Vögel, in unserem Bemühen, sie wohlverstanden „artgerecht" unterzubringen und zu behandeln an der Nase herumführen, indem ihnen Dinge, die sie in ihrer Natur nie gesehen haben, plötzlich viel besser gefallen, als das, was wir „artgerecht" für sie hergerichtet haben. Das trifft für unsere Volieren ebenso zu, wie für die Natur, wo Telephonleitungen und Hochspannungsmasten, etwas länger schon Burgen und Kirchtürme und menschliche Behausungen und vieles andere mehr den Tieren Anpassungen abverlangt oder angeboten haben, die ihr Verhalten verändert, zugleich aber ihr Überleben gesichert haben. So gesehen hat die Aussage von Poley eine geradezu visionäre Dimension: Es werden in den nächsten Jahr-

zehnten, einem Jahrhundert vielleicht, auf dieser Erde nur die Arten überleben, die mit dem zurecht kommen, was ihnen der Mensch bei seiner schamlosen Inbesitznahme der Erde übrig lässt oder als Ersatz anbietet.

Zudem ist es aber ganz offensichtlich so, dass die Alltagsforderung in der Öffentlichkeit nach einer am Naturleben der Tiere orientierten „artgerechten" Haltung die Naturbedingungen eben gerade nicht reflektiert, sondern sorgfältig sortiert und absolut einseitig alles fordert, was dem Tier gut tut und alles weglässt, was das Tier belasten könnte. Die Verantwortung für die Tiere wird geradezu als soziale Leistung verinnerlicht, und „ sozial" ist nun einmal „Wohltat". Aber die Natur kennt keine Wohltaten, sondern nur den Überlebenskampf, und sie lebt geradezu davon, das jedes Tier diesen Kampf irgendwann verliert!!

Ein Vogel muß demnach täglich die seiner Art gemäße Nahrung und frisches Wasser, ausreichend Bewegungsraum, die richtige Gesellschaft und Rückzugsmöglichkeiten haben, nicht haben darf er „Stress", Hunger, Feinde, Angst und Parasiten.

Das ist das blanke Gegenteil von Natur! In der Natur stehen Essen und Trinken nicht in goldenen Schüsselchen herum, der Vogel muß sich unter mehr oder weniger großen Anstrengungen darum kümmern, oftmals nur mit leidlichem Erfolg.

Flughühner in der Namib fliegen oft viele Dutzende Kilometer, um in einer jämmerlichen Pfütze einmal zu trinken und in ihrem Gefieder ein paar Tropfen Wasser für ihre Kücken zu tanken. Stellen sie sich in Deutschland eine Voliere mit Flughühnern vor, in der kein Napf mit frischem Wasser steht – ein Skandal!

In der Natur hat ein Vogel darauf eingestellt zu sein, dass hinter jedem Baum oder Stein ein Greif, eine Schlange oder ein kleiner Raubsäuger sitzt und ihm nach dem Leben trachtet. Vorsicht, Erschrecken, Angst sind alltägliche Normalität, nur wer in diesem Spannungsfeld angemessenes Verhalten erlernt hat, überlebt. Natürlich kann man das unter Haltungsbedingungen nicht nachahmen, weil ja auch die Möglichkeiten des Vogels, angemessen zu reagieren, begrenzt sind. Aber das Verhaltenstraining, das die Auseinandersetzung mit unangenehmen Einflüssen darstellt, kann andererseits bei Vögeln und anderen Tieren auch nicht mit dem Lesen von Büchern ersetzt werden, es wirkt nur, was praktisch erlebt wird.

Deshalb ist die totale Verketzerung von Stress jeder Art im Rahmen einer „artgerechten" Vogelhaltung falsch und ein differenzierterer Umgang mit diesem Thema dringend erforderlich. Ein Vogel, den in seiner Voliere kein äußeres Ereignis mehr aus der Ruhe bringen kann, ist jedenfalls seinem Naturideal weit entrückt. Er mag für Ausstellungen gut zu verwenden sein, aber für das Überleben seiner Art kann er bestenfalls unter Haltungsbedingungen etwas – rein organisches - leisten, für die Natur ist er zu blöd! In der Humanpsychologie wird man der positiven Bedeutung von Stress für die Aktivierung zahlreicher essentieller Funktionen des Lebens damit gerecht, dass man zwischen Stress (auch „Eustress") und Disstress unterscheidet, wobei die schädlichen Formen von Stress den Disstress ausmachen. Der *Brockhaus* schreibt u.a. zu Stress: *... Die meisten Definitionen verstehen Stress als einen Zustand des Organismus, bei dem als Resultat einer inneren oder äußeren Bedrohung das Wohlbefinden als gefährdet wahrgenommen wird und deshalb der Organismus alle seine Kräfte konzentriert und zur Bewältigung der „Gefährdung" schützend einsetzt... .* Man tut dieser Definition sicher keine Gewalt an, wenn man sie auch auf Stress bei Tieren anwendet, auch wenn dort das bewusste Erleben eher

durch triebgesteuerte Reaktionen „ersetzt" ist. Stress ist also der Auslöser von Lern- und Trainingsvorgängen, vor denen man Tiere in menschlicher Obhut nicht generell schützen muß.

Die Haltungsbedingungen, die ja die Reaktionsmöglichkeiten des Vogel definieren, bestimmen, was an Stress zulässig oder im Einzelfalle sogar wünschenswert ist und was dagegen unter allen Umständen zu vermeiden ist.

Für eine vernünftige Vogelhaltung ist immer noch eine geräumige Voliere im Freien, in der die Vögel Signale ihrer Umwelt empfangen und sich damit auseinandersetzen können, das Beste, selbst, wenn da gelegentlich eine Katze entlang schleicht, ein Greif am Himmel schwebt oder ein kräftiges Gewitter sich entlädt. Man kann bei drohendem Gewitter seine Vögel einsperren, damit ihnen nichts passiert, man kann es aber ebenso gut (oder besser) ihnen selber überlassen zu lernen, wo und wie man Schutz findet vor Gewitterböen und Starkregen. Das ist alles andere als Tierquälerei, diese Vögel sind mit Sicherheit fit und pfiffiger als ihre gehätschelten Kollegen.

Im Alltag der Vogelhaltung und Vogelzucht begegnen wir dem Begriff „artgerecht" besonders häufig und nachdrücklich im Zusammenhang mit den Haltungsbedingungen (siehe dort), namentlich der Gehegegröße, der Größe und Beschaffenheit von Ausstellungskäfigen und Ähnlichem. Es mehren sich die Versuche, das Wohlbefinden der Vögel mit bestimmten Gehegegrößen und -ausstattungen in Zusammenhang zu bringen und aus der Feststellung von Wohlbefinden „artgerecht" abzuleiten. Wir haben aber eben erst gesehen, wie unsicher die Beziehung zwischen „artgerecht" und „Wohlbefinden" tatsächlich ist, und wie schwierig es ist, Wohlbefinden bei Vögeln zu definieren und zu erkennen. Das Fehlen von Anzeichen für Unwohlbefinden ist bestenfalls ein Indiz, kein

Beweis, es kann ja z. B. auch eine Krankheit sein, die den Vogel beeinträchtigt, die nichts mit den Haltebedingungen zu tun hat. Und die Erfüllung aller Ansprüche des Vogels durch entsprechende Haltungsbedingungen ist vielleicht eine Voraussetzung für Wohlbefinden, aber keine Garantie und ein Beweis schon gar nicht!

Ist nicht Wohlbefinden vielleicht doch ein zu komplexes und vor allem zu bewusstes Erleben, als dass es Vögel rein hirnphysiologisch leisten könnten? Suchen wir da nicht nach etwas, das es gar nicht gibt? Wir übertragen die menschliche Erfahrung, dass die Summe positiver und negativer Eindrücke das Maß unseres Wohlbefindens bestimmt, auf Vögel (und andere Tiere), und übersehen, dass sie gar nicht in der Lage sind, aus ihren Einzelerlebnissen ein eher abstraktes allgemeines Lebensgefühl abzuleiten und wahrzunehmen.

Am Ende ergäbe sich der makabre Schluß, dass Wohlbefinden für Vögel überhaupt nur bei „artgerechter Haltung in menschlicher Obhut" möglich ist, wo alle Teile der „ Positivliste für Artgerechtheit", - nämlich Essen, Trinken, Sicherheit, Bewegungsraum, Partnerschaft, gesundheitliche Betreuung – erfüllt und alle das Wohlbefinden störenden Einflüsse, nämlich Hunger, Durst, Parasiten, Fressfeinde, schlechtes Wetter, also die natürlichen Lebensbedingungen, ausgeschlossen sind.

Deutlicher kann man eigentlich nicht darstellen, wie „artgerecht" und „Wohlbefinden" als Ziel der Haltung von Vögeln oder anderen exotischen Tieren in die Sackgasse führen, die Tiere ihren natürlichen Lebensverhältnissen entfremden.

So überrascht es nicht, dass mehr und mehr Fachleute empfehlen, besser von „tiergerecht" zu sprechen, wenn wir die Ansprüche an die Haltung definieren. Damit wird ein Anspruch formuliert, der den Tendenzen der Vermenschlichung der vermeintlichen Ansprüche der Tiere entgegensteht und den einseitigen „Behüte-Charakter", den „artgerecht" inzwischen angenommen hat, zurückstellt im Interesse der Erhaltung des Tieres als Tier, auch wenn es zufällig unter Menschen lebt.

9. Mindestanforderungen, Haltungsbedingungen

Wenn man sieht, welcher Aufwand heute von der Gesetz- und Verordnungsgebung bis hin zur tatsächlichen behördlichen Reglementierung der Vogelzüchter betrieben wird, dann will man kaum glauben, dass sich über viele Jahrhunderte hinweg bis in die Mitte des Zwanzigsten Jahrhunderts keine staatliche Instanz je dafür interessiert hat, welche Tiere von welchen und wie vielen Menschen auf welche Art und Weise gehalten wurden. Der Geist der „Menagerie", der vor über 1 000 Jahren geboren wurde, und die Käfighaltung von Vögeln, die wohl im wesentlichen von der Kanarienzucht getragen und bis heute perfektioniert wurde, sind immer nur privat verwaltet worden. Die Vogelstube des Karl Ruß in der Mitte des 19. Jahrhunderts hat Behörden oder politische Verwaltungen ebenso wenig interessiert, wie die ersten Volieren, die in den aufblühenden Zoologischen Gärten zu bewundern waren.

Zum Problem von öffentlichem Interesse ist das erst geworden mit dem massenhaften Zugriff der Menschen auf praktisch jedes Tier, das irgendwo in der Welt lebt und der ebenso massenhaften Entstehung von Tierhaltungen, Vogelhaltungen, die nicht nur nicht mehr zu übersehen waren, sondern sich darüber hinaus der Öffentlichkeit geradezu aufdrängten in Gestalt von Ausstellungen und anderen öffentlichen Demonstrationen. Da war dann auch manches zu sehen, das sich mit Tierschutzvorstellungen nicht vereinbaren ließ, aber richtig „heiß" wurde das Thema erst, als immer mehr Vögel von Arten, die als bedroht gelten, von Vogelzüchtern gehalten bzw. von Händlern vermarktet wurden und dabei zeitweilig in großer Zahl zugrunde gingen. Es war vor allem der Artenschutzgedanke, der viele Menschen

und vor allem die Politik für die Vogelhaltung / Tierhaltung sensibilisierte. Und bis heute wird die Einhaltung von Mindestanforderungen an die Vogelhaltung von Vollzugsorganen des Artenschutzes (einem Teil des Naturschutzes) wahrgenommen, obwohl keine Art in der Welt dadurch geschützt wird, dass ihre Voliere eine bestimmte Größe hat! Dies wird ausdrücklich nicht als Werturteil festgestellt, die Einhaltung von Mindestanforderungen bei der Haltung von Vögeln und anderen sonst wild lebenden Tieren ist unabdingbar und das Interesse des Staates, das mit seinen legislativen Möglichkeiten durchzusetzen, ist zu begrüßen. Nur ist eben das Wohlergehen eines Tieres in menschlicher Obhut eine Sache des Tierschutzes und seine Verwaltung unter „Artenschutz" eine Mogelpackung!

Natürlich haben sich die Vogelhalter selber im Zuge der Entwicklung ihres Hobbys vielfältig mit der Frage befasst, wie die Vögel denn am vorteilhaftesten unterzubringen wären. Dabei sind im Spannungsfeld zwischen möglichst intimer Nähe des Menschen zum Vogel einerseits und möglichst natürlichen Lebensumständen der Vögel andererseits unzählige Arten von Unterbringungen entworfen und praktiziert worden. Für das Eine stehen die reich geschmückten, oftmals kleinen Häusern mit Balkonen und Türmchen nachempfundenen Stubenkäfige, in denen Kanarien und Singvögel gehalten wurden, für das Andere die reich bepflanzten Freivolieren, ja sogar kleinen Tropenhäuser, die Vogelfreunde ihren Schützlingen heute zu bieten bereit sind. Für die „Zucht" im engeren Sinne, also die Erzeugung bestimmter Vögel für die Bewertung und den pseudosportlichen Wettbewerb um Titel und Trophäen hat sich zusätzlich eine weitere Hal-

Abb. 5: Grundriß einer Reihenvoliere, Bauempfehlung von 1968. Maßgebend sind maximale Raumnutzung und minimaler Pflegeaufwand. Legenden im Bild: 1 Innerer Futtergang, 2 Schutzräume, 3 Aussenvoliere, 4 Äuss. Futtergang, 5 Zugang Schutzhaus, 6 Rabatten, 7 Weg   Quelle: F. Dost

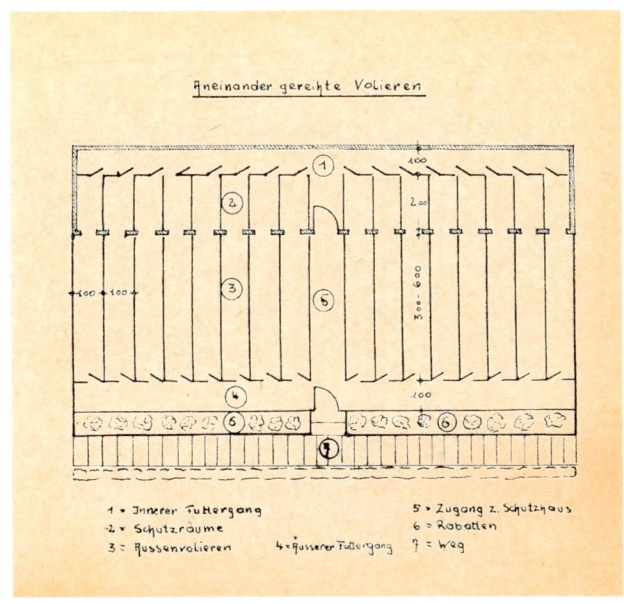

tungsform etabliert, die dem Grundsatz folgt, auf möglichst engem Raum mit dem geringsten Arbeitsaufwand möglichst viele Nachzuchtvögel zu bekommen. Diese Haltungsform ist weder an ästhetischen noch an naturbezogenen Werten orientiert und reduziert die Lebensbedingungen der Vögel auf Zuchtboxen, die oftmals in großer Zahl aufgereiht in ausschließlich künstlich beleuchteten Räumen stehen und den Legebatterien, die wir aus der industriellen Eierproduktion kennen, zum verwechseln ähnlich sind.

In den zahlreichen seit den fünfziger Jahren des 20. Jahrhunderts entstandenen Büchern über Vogelhaltung verzichtet kaum ein Autor auf Empfehlungen zur Unterbringung der Arten, über die er schreibt. *Robiller* (35) hat hierzu bereits 1983 eine Monographie herausgebracht, die den damaligen Stand der Diskussion um die Haltungsbedingungen unterschiedlichster Vogelarten zusammenfasste und das Grundmodell von Volieren beschrieb, das – mit der einen oder anderen Veränderung der Maße – bis heute praktiziert wird. Dazu werden auch ganz persönliche Vorstellungen des Verfassers zu Volierengrößen mitgeteilt, die deutlich anspruchsvoller sind, als das, was heute in verschiedenen Mindestanforderungen verlangt wird:

Für ein Paar Plattschweifsittiche Volieren von 7,5 bis 12,0 qm Grundfläche, für ein Paar Königssittiche 12.0 qm oder für ein paar Bergsittiche gar 16,0 qm – bei jeweils 2 m Höhe (!) , für Fasanen je nach Größe und arteigenen Ansprüchen 6 bis 36 qm und für ein Paar Wachteln 6,0 qm (!). Diese Vorstellungen sind bedauerlicher Weise nie Gemeingut der Vogelzucht geworden und auch nicht in die noch zu besprechenden offiziellen Dokumente zu Anforderungen an die Haltungsbedingungen eingegangen.

Besonders interessant ist der Verweis Robillers auf ein von F. Droste verfasstes Lehrheft des VKSK (= Verband der Kleingärtner, Siedler und Kleintierzüchter der DDR, ein Dachverband, dem der Vogelzüchterverband der DDR als SZG = „Spezialzuchtgemeinschaft" Ziergeflügel und Exoten, Vorgänger der heutigen VZE, angehörte), zum Bau von Volieren. Dies ist die erste deutschsprachige nicht private Erörterung des Themas „Volierenbau", die im Wirkungsbereich dieses seinerzeitigen Verbandes über mehr als zwei Jahrzehnte Gültigkeit besaß, allerdings die Raumansprüche für Vögel gegenüber Robiller deutlich geringer ansetzte.

Für die Entstehung der heutigen verbindlichen Regelungen in Deutschland bedurfte es neben der Impulse, die aus dem Artenschutz kamen, offenbar der sinnreichen Mithilfe der Vogelzüchter selber. Jedenfalls gehen die heute festgeschriebenen Regelmaße für Vogelunterkünfte zum Teil noch unmittelbar auf ein Gerichtsurteil gegen einen aufsässigen Vogelzüchter zurück oder sind erkennbar im Umfeld dieses Vorgangs entstanden.

Die folgende Geschichte hat so viele kontroverse Meinungen provoziert und so viele Folgen nach sich gezogen, dass sie hier noch einmal kurz erzählt werden darf.

Ein Privatmann aus Niedersachsen hatte Ende der 80er Jahre bei der zuständigen Behörde den Antrag auf Betreibung eines Tiergeheges gestellt. Es handelte sich um eine schon länger bestehende Anlage, die nach einer Änderung des Landesnaturschutzgesetzes und Ablauf einer Übergangsfrist genehmigungspflichtig geworden war. In der Anlage wurden gehalten: Bis zu 30 Flamingos, 10 Paar Pfeifgänse *(welche?)*, 30 winterharte Gänse, 110 winterharte Enten *(keine Angaben zur Art, was ist „winterhart"?)*, 56 Papageien verschiedener, nicht umfassend näher bezeichneter Arten. Das war also keine ganz kleine Vogelhaltung ! – und es waren unter den rund 250 Vögeln auch Vertreter mehrerer WA-gelisteter, also mit Besitz- und Handelseinschränkungen belegter Arten.

Die Anlage wurde genehmigt mit einer Reihe von Auflagen, die, besonders soweit sie die Gehegegrößen, die Winterunterbringung, die Kennzeichnung und die Nachweisbuchführung betrafen, nicht das Einverständnis des Züchters fanden. Er klagte gegen die Auflagen, erreichte aber nur Erfolg in bescheidenem Umfang und legte deshalb Berufung gegen das Urteil ein, so dass eine Verhandlung der Sache vor dem Niedersächsischen Oberverwaltungs-

gericht erforderlich wurde. Mit dem Urteilsspruch vom 20. Dezember 1993 wies das Oberverwaltungsgericht die Einwände des Züchters als unbegründet zurück und erklärte die behördlichen Auflagen zur Gehegegröße einschließlich Winterunterkunft und weitere Inhalte des Vorurteils für rechtens.

Das heißt, dass die Behörde berechtigt ist, die Erteilung einer Genehmigung zum Betrieb einer Vogelhalte- und Zuchtanlage mit Auflagen zur Größe und Ausstattung der Gehege in Abhängigkeit von der Art der gehaltenen Vögel sowie zu anderen Pflichten des Halters – hier z. B. die Kennzeichnung aller Vögel – zu verbinden. Was die Gehegegrößen angeht, so lagen dem Ermessen der ersten und zweiten Instanz ein Gutachten von Professor Grimm, damaliger Direktor des Zoos Hannover, zugrunde sowie ein Arbeitspapier des zuständigen Ministeriums der Niedersächsischen Landesregierung aus dem Jahre 1985, in dem es u.a. heißt: Es „.... *wurden folgende Richtwerte vorgeschlagen: a) Bei Waldvögeln 1,5 qm / Paar sowie 1 qm für jedes weitere Paar bei einer Volierenhöhe von 1,8 bis 2,0 m. b) Bei Psittaciden bei Paarhaltung in Gehegen – abhängig von der Vogelgröße – (Sperlingspapagei bis Ara): Breite 1,5 m bis 3,0 m x Länge 3,0 bis 6,0 m x Höhe 2,0 m.*

Dieser Vorschlag war Herrn Professor Nicolai, dem damaligen Direktor der Vogelwarte Helgoland und weltweit renommierten Vogelkenner, mit der Bitte um fachliche Beratung vorgelegt worden. Professor Nicolai hat diese Vorstellungen als „realistisch" und den „Anforderungen für eine tierschutzgerechte Haltung" entsprechend bestätigt. Er hat zugleich empfohlen, in der Höhe der Volieren auch für Waldvögel nicht unter 2 m zu gehen und für größere Papageien einschließlich Aras eine Mindesthöhe von 2,5 m zu veranschlagen. Da war er sehr bescheiden im Sinne des Aufwandes für die Vogelhalter, und entschieden zu bescheiden war er mit seiner Anregung, dass an eine Voliere immer ein Schutzraum von wenigstens 1 qm anzuschließen sei. Dazu später mehr.

Hier soll aber beiläufig klargestellt werden, dass Professor Nicolai nie ein eigenes Gutachten zu Gehegegrößen für die Vogelhaltung vorgelegt hat. Sein Name wird aber, sozusagen als höchste Form der Rechtfertigung, durch Behördenmitarbeiter wie durch Züchter noch immer im Munde geführt, wenn es um die Mindestanforderungen und die Rolle dieses Prozesses vor dem Niedersächsischen Oberverwaltungsgericht geht. Vielleicht soll das Gerichtsurteil im Glanze des untadeligen Experten genießbarer werden. Das ist nicht wirklich redlich, und es hilft auch nicht wirklich, und so ungenießbar ist es ja auch nicht.

Entscheidend an dem ganzen Vorgang ist aber, dass mit der Inanspruchnahme der Instanz „Oberverwaltungsgericht" durch den Züchter ein Urteil provoziert wurde, das weit über den konkreten Fall hinaus Rechtsverbindlichkeit erfuhr. Es ist nun einmal so, – und alles andere wäre auch völlig unverständlich – , dass Behörden und Gerichte bei ihrer Tätigkeit und ihren Entscheidungen die gültige Rechtsprechung zu beachten haben. Das bedeutet, dass die mit dem Urteil des Oberverwaltungsgerichts bestätigten Normen für Gehegegrößen, die sich auf das Gutachten von Professor Grimm und eigene Ausarbeitungen des zuständigen Niedersächsischen Landesministeriums beziehen, so etwas wie geltendes Recht sind, jedenfalls „abgesegnet" und mit Rechtsmitteln nicht anfechtbar. Eine Revision ist im Urteil ausdrücklich nicht zugelassen. Zugleich ist allerdings festzustellen, dass die durch das Urteil festgeschriebenen Normen im Einzelnen der konkreten Ausgestaltung bedürfen, was beispielhaft daran zu erkennen ist, dass

z. B. für Papageien, deren Körperlänge von 12 cm (Sperlingspapageien) bis fast 1 m (Hyacinthara) variiert, innerhalb der durch das Gerichtsurteil vorgegebenen Spannbreite eine zutreffende Gehegegröße definiert werden muß. Das gilt im Grundsatz auch für Angehörige anderer Familien.

Es ist nicht dokumentiert, jedenfalls nicht für den Außenstehenden zugänglich, ob das Niedersächsische Urteil das Bundesministerium für Landwirtschaft in seiner Zuständigkeit für Fragen des Tierschutzes „unter Druck gesetzt" hat, nun seinerseits bundeseinheitliche und detailliertere Normen zu definieren, jedenfalls hat das Ministerium aber in der Folgezeit Sachverständigengruppen einberufen, die „Gutachten über Mindestanforderungen an die Haltung von Papageien, Kleinvögeln... usw." erarbeitet haben.

Die Gutachten für die Haltung von Papageien und von Kleinvögeln sind unter dem 10. Januar 1995 veröffentlicht worden.

Zum großen Erstaunen folgen aber diese Gutachten nicht den Grundsätzen der Niedersächsischen Rechtssprechung, verstehen sich also ganz offensichtlich nicht als „Ausgestaltung" gesprochenen Rechts, sondern bestimmen abweichende, überwiegend geringere Mindestanforderung, namentlich bei der Gehegegröße. Wohl im Wissen um den Widerspruch zur Niedersächsischen Rechtsprechung ziehen sie sich daher ihrem Rechtscharakter nach auf „Empfehlungen" zurück. Was die staatsrechtliche Interpretation dieser Tatsache angeht, so darf sich ein Vogelzüchter ohne Scham für überfordert erklären, aber die praktischen Auswirkungen erlebt er körperlich, und aus dieser Sicht muß man sagen, dass das Bundesministerium den Vogelzüchtern mit seinen Mindestanforderungen wirklich keinen Gefallen getan hat. Nicht in erster Linie, weil man die geforderten Gehegegrößen, über die sich viele Züchter so gefreut haben, für zu klein halten kann, sondern weil sie nicht durchsetzbar sind. Es mag sein, dass Bundesrecht über Landesrecht geht, aber das Bundesnaturschutzgesetz, das über dem Ganzen steht, überträgt den Vollzug des Gesetzes in den hier interessierenden Fragen den Ländern und schreibt dazu nicht die in den Gutachten formulierten Normen vor, sondern überlässt diese den Ländern. Und für die Länder gibt es, wie wir gesehen haben, eine gültige Rechtsprechung. Wenn in einem Bundesland die dortigen Behörden mit den Normen des Niedersächsischen Urteils arbeiten, ist dagegen kein Rechtsmittel wirksam. Allerdings dürfen sich die Behörden im Rahmen eines ihnen zustehenden Ermessens auch auf die Gutachten des Bundeslandwirtschaftsministeriums beziehen. Dann ist es in der Tat bei der gegebenen Rechtslage möglich, dass in zwei Orten in Deutschland, zwischen denen eine Landesgrenze verläuft, nur einen Kilometer von einander entfernt, für ein Paar Aras eine Voliere mit 8 qm Grundfläche (nach dem Gutachten des Bundesministeriums für Landwirtschaft) oder mit 18 qm Grundfläche (nach dem Urteil des Niedersächsischen Oberverwaltungsgerichts) rechtens ist. Doch wer in dem Orte lebt, wo 8 qm ausreichend sind, hat sich u.U. zu früh gefreut. Wenn er verklagt wird, wird das Gericht die gültige Rechtsprechung prüfen und auf das Niedersächsische Urteil stoßen und es ggf. anwenden! Dann haben wir die Situation, dass ein Bürger sich mit der Anwendung einer Empfehlung eines Bundesministeriums nach Landesrecht eines deutschen Bundeslandes ins Unrecht setzt, wenn er zufällig in Niedersachsen lebt, sowieso.

Das kann doch nicht sein! Für ein Bundesgesetz muß doch die Anwendung bundeseinheitlicher Vollzugsregelungen möglich sein! Man stelle sich vor, jedes Bundesland macht seine eigene Straßenverkehrsordnung! Die Ignoranz des Gesetzgebers und der Länder gegenüber diesem Problem mag sich aus der Bedeutungslosigkeit der Vogelzüchter im öffentlichen Leben, aus mancher Sicht vielleicht sogar ihrer Überflüssigkeit erklären, für ein Land mit so hohen Ansprüchen an lebbare Rechtsstaatlichkeit, wie sie die Bundesrepublik Deutschland vertritt, ist sie gleichwohl inakzeptabel.

Es ist vor allem diese missliche Situation, die das Ansehen der Mindestanforderungen unter den Vogelzüchtern belastet und den unter ihnen weit verbreiteten Vorwurf nährt, sie wären nur Instrumentarien ihrer Bevormundung. Das ist zu bedauern, denn eigentlich ist es doch das Normalste, was man sich denken kann, dass ein Land, das dem übergroßen Anteil seiner Bürger die materiellen Möglichkeiten und die zivilen Rechte schafft, Tiere in ihrer Obhut zu pflegen, auch Verantwortung für die Gestaltung dieses Vorgangs übernimmt und dieser mit der Schaffung rechtsverbindlicher Regeln und Normen entspricht. Bundesnaturschutzgesetz, Bundestierschutzgesetz, Tierseuchengesetz – jetzt „Tiergesundheitsgesetz" – sind unerlässliche Regelwerke, und die „Mindestanforderungen" sind, ähnlich wie Durchführungsbestimmungen, Mittel zur alltagspraktischen Umsetzung des geltenden Rechts. Daran ist nicht zu rütteln.

Warum auch? Weder die Forderungen des Niedersächsischen Gerichtsurteils noch die eher geringeren der „Mindestanforderungen" sind falsch in dem Sinne, dass sie an die Halter und Züchter zu hohe Anforderungen stellen. Wenigsten nicht aus Sicht der Vögel, die in diesen Gehegen gehalten werden sollen. Wem die „Mindestanforderungen" zu hohe Ansprüche stellen, der hält seine Vögel bisher offenbar in zu kleinen Gehegen! Ich würde meine Vögel niemals in Gehegen mit den Maßen der Mindestanforderungen des BML halten!

Ein Paar Sperlingspapageien z. B. darf nach den „Mindestanforderungen" dauernd in einem Käfig von 1,0 m x 0,5 m bei einer Höhe von 0,5 m (!) gehalten werden, zur Brutzeit ist für ein Paar auch ein Käfig von 0,80 x 0,40 x 0,40 m zulässig. Wer bereit ist, solche Vögel in solchen Behältnissen zu halten und zu züchten, der muß sich empören gegen die Niedersächsische Forderung nach einer Voliere von 1,5 x 3,0 x 2,0 m, wer dagegen der Absicht folgt, seine Vögel so zu halten, dass sie sich auch wie Vögel fühlen können, der wird in eigener Entscheidung in die Nähe der „ Niedersächsischen" Abmessungen kommen. Dumm nur, wenn aus irgend welchen Gründen die Breite seiner Voliere nur 1,45 m ist, dann kann er Probleme mit der Behörde bis zur Beschlagnahme seiner Vögel bekommen, wenn er im falschen Bundeslande lebt, aber das hatten wir schon. Wenn man sich die „Gutachten über Mindestanforderungen für die Haltung ......" anschaut, dann wird, in besonderer Weise bei demjenigen zur Papageienhaltung, deutlich, dass da ganz nachhaltig die Gewohnheiten der Vogelzucht im engeren Sinne, also der sogenannten „Schauzucht" in den fünfziger bis neunziger Jahren Eingang gefunden haben, obwohl in der Sachverständigengruppe nur ein Vertreter eines Vogelzüchterverbandes tätig war.

In diesen Jahren des Aufschwungs der Vogelzucht nach dem Zweiten Weltkrieg, als es die altbekannten Papageienarten wieder gab und der Handel ständig neue Arten anbot, das Interesse am Besitz dieser Vögel ständig und schneller zunahm als die Importzahlen, war das Erzielen von Nachzuchten das A und O der Vogelzucht. Die Importe konnten den Bedarf nicht decken, besonders für jeweils neu in die Haltung eingeführte Arten. Wer die Vögel zu vermehren verstand, hatte Aussicht auf kostendeckenden Absatz, seltener sogar auf befristeten Gewinn. Und wem es gelang, mit der Nachzucht einer schwierigen oder seltenen Art der Erste zu sein, dem winkte hohe Anerkennung in Vogelzüchterkreisen, noch heute sonnen sich einige der Altvordern der Vogelzucht in ihren Erfolgen von damals. (Das Bedürfnis, sich mit besonderen Zuchtleistungen hervorzutun, scheint tief verwurzelt in der Vogelzüchterschar. Seit nichts mehr geht mit der Erstzucht von Wildfängen stillen sie nun ihren Ehrgeiz damit, jedes Jahr eine neue „Mutation" irgend einer Art zu kreieren.)

Dem Ziel der unbedingten Vermehrung waren auch Größe und Gestaltung der Gehege untergeordnet. Sie folgten dem Grundsatz, auf möglichst wenig Fläche möglichst viele Paare (zuweilen auch von möglichst vielen Arten) zu halten und vor allem zu vermehren. Es hatte sich bald herausgestellt, daß für das Ziel „Vermehrung" relativ anspruchslose Mindestgrößen und -ausstattungen völlig ausreichten, ja im Einzelfalle (z. B. bei den Agaporniden) geräumigeren Unterkünften sogar überlegen waren. Und so etablierte sich u.a. auch das Reihenvolierenmodell (vergl. Abb. 5.), das bei *Robiller (35)* ausführlich dargestellt ist, und das sichtbar die Wirtschaftlichkeit und betriebspraktischen Lösungen über die Möglichkeit zu naturnahen physiologischen Lebensabläufen des Vogels stellte, ganz zu schweigen vom ästhetischen Erleben. Natürlich gab es zu allen Zeiten Halter und Züchter, die anderen ästhetischen Vorstellungen folgten und auch von ihrem Interesse an der Beobachtung des natürlichen Verhaltens der Vögel geleitet Volieren errichteten, die aus diesem System ausscherten. Aber sie haben bis heute keinen bestimmenden Einfluß auf das Gesamtbild der Vogelzucht gewonnen. Es gibt dazu keine Erhebungen, die statistischen Ansprüchen genügen. Aber es dürfte der tatsächlichen Lage nahe kommen, wenn man sagt, dass vielleicht 15 % der Vogelanlagen dem Ideal einer naturnahen Haltung entsprechen oder

Abb. 6: Tragopanfamilie in einer Naturvoliere bei N. Jütten. Nach welcher „Freiheit". sich diese Vögel wohl sehnen?
Foto: N. Jütten

nahe kommen, das die offiziellen Mindestanforderungen weit hinter sich lässt. Aus nahe liegenden Gründen ist diese Lösung für die meisten Papageienarten besonders schwierig, weil sie durch ihre Nagegewohnheiten Naturelemente in jeder Voliere viel schneller zerstören, als sie nachwachsen können, aber für Prachtfinken, Fasanen, Wasservögel oder Tauben u.a. haben Züchter großartige Lösungen gefunden.

Die Hälfte bis zwei Drittel der Vogelzüchter, namentlich der Papageienzüchter, dürften noch Anlagen betreiben, die dem oben dargestellten Grundmodell entsprechen, wobei Reihenvolieren von drei bis dreißig Einzelelementen und darüber bekannt sind. Sie dürften in der Mehrzahl eher den Anforderungen des Gutachtens des Ministeriums für Landwirtschaft entsprechen, als denen des Niedersächsischen Gerichtsurteils, und damit rechtens sein. Das mag vor allem daran liegen, dass die „alten" Modelle, die starken Einfluß auf die "Mindestanforderungen" hatten, von einer Volierenbreite von 1 m ausgingen, die für kleine bis mittelgroße Arten Gültigkeit hatte und die es im Niedersächsischen Urteil gar nicht gibt, wo die Mindestbreite der kleinsten Voliere mit 1,5 m gefordert wird.

Und wahrscheinlich werden es so um die 10 % der Vogelzuchtanlagen sein, - eher mehr, als weniger, die noch immer jenseits aller vernünftigen Vorstellungen von Gehegegrößen betrieben werden. Sie entziehen sich dem behördlichen Zugriff, indem sie nicht bekannt werden. Die Züchter untereinander wissen oft um solche Dinge, bringen aber in Rücksicht auf einen trügerischen inneren Frieden den

Abb. 7: Nördlicher Helmhokko in der Anlage von H. Jütten.   Foto: N. Jütten

Mut nicht auf, intern dagegen vorzugehen, einem solchen Konflikt ist der Gemeingeist der Vogelzüchter offensichtlich nicht gewachsen.

Diese grobe Schätzung gilt ohnehin nur für die Haltung und Pflege natürlicher Arten einschließlich der einen oder anderen „Mutation". Die Vögel für Bewertungsschauen und Meisterschaften werden praktisch ausschließlich in Zuchtboxen gezogen und leben außerhalb der Zuchtperiode – wenn sie Glück haben und leider längst nicht immer – in Volieren oder mehr oder weniger geeigneten anderen Behältnissen (siehe hierzu „Standardzucht")

Es fällt ins Auge, dass die hier diskutierten Normen für die Vogelhaltung sehr übergewichtig auf Gehegegrößen orientieren und vieles Andere, das ein gewissenhafter Vogelzüchter für wichtig hält, eher beiläufig behandeln. Das dürf-

te daran liegen, dass sich die kritische Öffentlichkeit unter dem Einfluß der „Gefangenschafts"ideologie stark an dem den gehaltenen Vögeln zur Verfügung stehenden Bewegungsraum orientiert. In Quadratmetern und Kubikmetern kann (fast) jeder denken, von anderen Bedürfnissen der Vögel haben die meisten wenig Ahnung. Die Fachleute in der Sachverständigengruppe des MFL oder im zuständigen Niedersächsischen Ministerium hätten aber durchaus die fachliche Kompetenz für weit mehr als Gehegegrößen gehabt. Mit den Hinweisen, dass Vögel täglich etwas zum Essen und zum Trinken benötigen und Ausscheidungen produzieren, die man gelegentlich wegräumen muß, wird man dieser Erwartung nicht gerecht.

Die Möglichkeiten zur Ausgestaltung der Volieren im Interesse einer Strukturierung des

Lebensraum und des Tagesablaufs der Vögel, die man auch als Pflicht des Halters verstehen kann, sind kaum oder gar nicht Inhalt von Mindestanforderungen. Dieser Mangel ist deshalb schwerwiegend, weil sich aus der räumlichen Gestaltung eines Geheges auch Auswirkungen auf die Grundmaße ergeben können, für die die so geschaffenen Regeln nicht offen sind. Wieso muß ein Gehege rechtwinklig sein? Für einige Arten ist Klettern wichtiger als Fliegen, wie findet das seinen Niederschlag in den Vorschriften?

Der Zoo Pilzen in der Tschechischen Republik praktiziert seit Jahren ein anderes Modell. Hier sind alle Volieren, die ausschließlich für Vögel eingerichtet sind, im Grundriß sechseckig mit einem maximalen Durchmesser von vielleicht 6 m, eher weniger und einer Höhe von mindestens 2,50 m. Die Mitte der Voliere ist dicht mit Büschen, kleinen oder beschnittenen Bäumen und widerstandsfähigen Gräsern bewachsen, auf eine gerade „Fliegestrecke" für die Vögel (vergleiche das deutsche Rechteckmodell) wird kein Wert gelegt. Ein Schutzhaus von etwa einem Drittel bis maximal der Hälfte der Größe der Voliere ist angeschlossen. Hier leben pro Voliere acht bis zehn unterschiedliche Arten zusammen, (keine Papageienvögel) und es gibt kaum Konflikte, dagegen aber Nachzuchterfolge bei um die 90 % der so gehaltenen Arten.

Es gibt noch keine systematischen vergleichenden Untersuchungen zu diesen Haltungsformen, aber die Notwendigkeit dazu drängt sich auf.

Und auch in anderen Punkten dürfen die Gutachten zu Mindestanforderungen an die Haltung von Vögeln nicht dazu führen, dass Fragen nicht mehr gestellt werden.

Können Vögel in Volieren von 2,0 m bzw. 2,5 m Höhe wirklich ihr angestammtes Verhalten praktizieren, das darin besteht, dass sie sich im Falle der Flucht, des Ausweichens erst dann einigermaßen sicher fühlen, wenn sie nach oben weg können? Professor Nicolai hatte auf diese Frage aufmerksam gemacht, aber sehr vorsichtige Lösungsvorschläge unterbreitet. Wenn man der zugrunde liegenden Überlegung folgt, müsste eigentlich jede Voliere für Kleinvögel wenigsten 2,5 m hoch sein und für Aras sind die empfohlenen 2,5 m überhaupt keine Lösung des Problems, da müssten schon wenigstens 4 m her, jedenfalls für die größten Arten!

Und völlig unbefriedigend bis fast schon abenteuerlich sind in beiden Modellen, dem Niedersächsischen wie dem des BML, die Vorgaben für die sogenannten „Schutzräume". Nicht nur der Name, sondern auch das Drum und Dran erinnert mich ein wenig an „Luftschutzkeller", die wir seinerzeit haben mussten, um uns im gegebenen Falle vor Bombenangriffen in eine trügerische Sicherheit zu bringen. Das will ich für meine Vögel nicht, auch wenn es in unserem glücklichen Frieden nur um einen Graupelschauer oder ein paar Wintertage geht.

Ein Raum mit einer Grundfläche von 1 qm, wie er als Mindestausstattung gefordert wird, kann von Vögeln nicht wirklich genutzt werden. Das mag für Kleinvögel noch relativierbar sein, indem man die vertikale Dimension des Raums durch kleine Pflanzen oder andere Ausstattungen in Etagen strukturiert, je größer die gehaltenen Arten werden, um so weniger können sie mit so einem Raum etwas anfangen, und ein Hyacinthara sitzt da in einer „Kiste"! Das hat Prof. Nicolai bei seinem Vorschlag wohl kaum bedacht, und die Sachverständigengruppe des BML geht da für Vögel bis zu 60 cm Körperlänge mit, und die 2 qm, die sodann für noch größere Vögel gefordert werden, sind auch keine grundsätzlich andere Lösung. Für das niedersächsische Modell ist dieser 1 qm auch noch ein bauliches Problem. Das Modell „ Schutzraum" setzt ja stillschweigend voraus, dass sich ein solcher an einer Seite der Voliere, regelmäßig der geringer bemessenen Breitseite, nennen wir sie Rückseite der Voliere anschließt. Ein solcher Bau wird natürlicher Weise die Abmessungen der Volierenbreite haben, namentlich, wenn mehrere Volieren in Reihe nebeneinander stehen. Das bedeutet für das niedersächsische Modell, dass ein Quadratmeter Innenraum für die kleinste Voliere von 1,5 m Breite mit einer Tiefe von 67 cm zu erreichen wäre, für die größte Voliere von 3 m Breite sogar mit 33 cm Tiefe! Das ist schlicht Unfug. Einen praktikablen Sinn bekommt die niedersächsische Festlegung nur, wenn man statt des „ 1 qm", eine Tiefe von 1 m x Breite der Voliere annimmt. Das ginge dann auch konfliktfrei parallel zu den Normen der „Mindestanforderungen", ob es deshalb auch gut ist, bleibt aber offen. Für die Gehegegrößen ist in beiden Modellen akribisch vorgeschrieben, um wie viele Meter die Grundfläche einer Voliere zu vergrößern ist, wenn darin mehr als ein Paar der jeweiligen Art lebt, für die Innenräume gibt es solche Anpassungen nicht.

Deutlich sichtbar folgen all diese Innenräume von 1,5 bis 3 qm Grundfläche eben „nur" dem Konzept „Schutzraum", gehen also davon aus, dass die Vögel in Außenvolieren leben, wohl auch zu allen Jahreszeiten und diesen Raum nur als Zufluchtsstätte bei Gefahr nutzen. Das entspricht der Art und Weise, wie die Mehrzahl der von Menschen gepflegten Papageien in unseren Breiten tatsächlich gehalten wird. Das muß den Außenstehenden verwundern, vielleicht auch seinen Protest beflügeln, kommen doch fast alle Papageien aus tropischen und subtropischen Regionen unserer Erde, wo es im Durchschnitt deutlich wärmer und niemals Winter ist. Es hat sich aber gezeigt, dass den meisten Papageienarten die Anpassung an unsere niedrigen Temperaturen bis zu gewissen Grenzwerten leichter fällt, als aus theoretischer Sicht zu erwarten gewesen wäre. Den letzten Beweis liefern die immer zahlreicher werdenden Sittiche und Amazonen, die in Europa frei leben und sich vermehren. Besonders in den letzten fünfzig Jahren hat sich dazu ein anerkanntes Erfahrungswissen der Vögelzüchter etabliert, das wesentlichen Einfluß auf die „üblichen" Haltungsbedingungen hat. Es ist hiernach ganz offensichtlich so, dass für die Papageien, die wir halten, Sonne, Wind und Regen, Bewegung und die Auseinandersetzung mit Umweltreizen, wie sie in einer Voliere möglich und Alltag sind, wichtiger sind als Wärme im Schutzraum, die zudem noch um den Preis meist zu trockener Luft, hoher Staubbelastung, eingeschränkter Bewegungsfreiheit und anderer Einschränkungen zu haben ist. Auch aus dieser Sicht ist Volierenhaltung dieser Vögel einfach Pflicht!

Man kann es aber auch übertreiben! Bei Temperaturen unter Null, vielleicht noch begleitet von Schnee und starkem Wind kommen die Vögel, wenn sie nicht gerade Kea heißen, schnell an ihre Grenzen. Für solche Situationen brauchen die Vögel einen Aufenthalt, wo sie auch einmal ein paar Tage bleiben können, der mehr ist, als eine Zuflucht. Dafür fehlt in beiden Anforderungen ein Lösungsvorschlag. Die Mindestanforderungen verlangen, dass im Schutzraum für Aras eine Temperatur von 10 Grad garantiert sein muß. Wie soll man einen Raum von 2 qm bei einer Höhe von 2 m (das steht zwar nirgends, das unterstellen wir aus Vernunftsgründen einfach so), also 4 Kubikmetern auf 10 Grad heizen, wenn das Fenster offen steht und draußen minus 20 Grad und Schneesturm herrschen? Und was sollen die Vögel da draußen, auch wenn sie es immer mal wieder probieren. Also machen wir die Klappe zu. Und dann halten wir zwei Aras auf 2 qm oder Papageien unter

60 cm sogar auf einem qm. Das ist Käfighaltung unterhalb der Mindestmaße, die für kurzfristige Ausstellungen üblich sind!

Hier stößt das Konzept „Schutzraum" an seine Grenzen, es kann mit gutem Gewissen nur gelten für Arten, die zu 100 % an unsere klimatischen Bedingungen einschließlich ihrer Extreme angepasst sind, und das sind dann doch längst nicht alle!

Es wäre deshalb wohl angemessener, Vogelgehege so zu konzipieren, dass sie zur (Außen)-Voliere einen Innenraum haben, der auch Volierencharakter trägt. Da eine solche Innenvoliere nicht als ständiger Aufenthalt angelegt ist, genügt vielleicht die Größe von einem Drittel oder der Hälfte der Außenfläche, aber sie sollte so ausgestattet sein, dass dabei ein Aufenthaltsraum und kein Schutzraum herauskommt. In den Mindestanforderungen ist zu lesen, dass ....*für Arten, die in der Regel in temperierten Räumen gehalten werden müssen, ...eine Innenvoliere entsprechend den Maßen* (und der Ausstattung, d. Verf.) *der Außenvoliere einzurichten ist.* Das ist so weit selbstverständlich, aber warum machen wir nicht den Versuch, die Entscheidung zwischen drinnen und draußen dem Vogel zu überlassen. In einem Gehege mit Außenvoliere und im Grundsatz gleichwertiger Innenvoliere wird sich ein Vogel stets dort aufhalten, wo er sich wohler fühlt, und das sind nach Entscheidungsmustern der Vögel, die wir nicht verstehen müssen, beide Teile. Die Zoologischen Gärten und Vogelparks praktizieren seit jeher überwiegend dieses Prinzip und mir ist es in den letzten vierzig Jahren zum einzig denkbaren Prinzip von Vogelhaltung geworden.

Abb. 8: Biotopvitrine bei K.-D. Dittmann. Foto: K.-D. Dittmann

Und ich kann den Gedanken nicht los werden, dass vielleicht die eine oder andere Papageienart vor allem deshalb ihre Winterhärte entdeckt haben könnte, weil ihr eine echte Alternative zur Außenvoliere nicht zu Gebote stand, ein Schutzraum ist jedenfalls keine!

Das „Gutachten über Mindestanforderungen an die Haltung von Kleinvögeln" folgt den gleichen Denkregeln wie dasjenige für Papageien, das die wesentliche Grundlage der vorstehenden Diskussion war. Die Volierenhaltung wird dabei nur als prinzipielle Möglichkeit abgehandelt, die geforderten Mindestmaße sind sämtlich Käfigmaße. Zu Volieren wird eine Mindesthöhe von 1,70 m gefordert. Das ist eine Willkürfestlegung, für die es keine wissenschaftliche oder Erfahrungsbegründung gibt. Wer eine Voliere baut, wird sie im Eigeninteresse so hoch bauen, dass er selber aufrecht darinnen gehen kann, wenn er sie zu Pflegezwecken betreten muß, und warum noch einmal 10 cm weniger als das niedersächsische Mindestmaß, das von Professor Nicolai mit gutem Grund nach oben korrigiert worden war? Man versteht es nicht! Unter 2 m geht gar nichts, und wie für Papageien ist auch für Kleinvögel in diesem Punkte „mehr" sicher gut. Und dann wieder dieser unselige Schutzraum! Warum lässt man sich darauf ein, ja erklärt es geradezu zur Regel, dass die Vögel außerhalb der warmen Jahreszeit, in der sie draußen sein können, auf irgend eine erträgliche Art „weggesperrt" werden müssen, wo sie in einer Innenvoliere doch ihr Leben ohne Bruch fortsetzen könnten. Es sind eben „Mindestanforderungen", die jeder überschreiten darf, und das sollte er dann auch tun.

Abb. 9: Juvenile Grauastrilde in einer Biotopvitrine bei K.-D. Dittmann. Foto: K.-D. Dittmann

Es wird vor allem den Wärmeansprüchen geschuldet sein, die viele der gehaltenen Kleinvögel haben, dass so dominierend von Käfighaltung gesprochen wird, die einschließt, dass so ein Käfig in einem geschlossenen Raum steht. Das mag so weit verständlich sein, aber dem natürlichen Verhalten der Vögel und ihrer ästhetischen Wirkung setzt diese Haltungsform doch sehr enge Grenzen. Angeblich ist die ästhetische Wirkung der Vögelchen der Hauptgrund dafür, dass sie der Mensch zu sich holt. Wenn man das aber kritisch hinterfragt und in Betracht zieht, was in der Gesamtheit so alles mit den Vögeln geschieht, bleibt nur ein eher kleiner Teil der Vogelfreunde, für den das unzweifelhaft zutrifft.

Dazu passt, dass man in Fachbüchern und Artikeln in Fachzeitschriften regelmäßig die Formulierung findet: „Käfighaltung ist möglich, man sollte die Vögel aber besser in einer Voliere unterbringen." Einen Kompromiss, der vor allem dem ästhetischen Aspekt Vorrang einräumt, stellt die Zimmervoliere dar, die sich

Abb .10: Gouldamadine   Foto : K.- D. Dittmann

besonders für ganz kleine Arten, namentlich kleine Prachtfinken eignet. Sie setzt allerdings die Bereitschaft des Halters voraus, sich auf ganz wenige Vögel zu beschränken, am besten nur ein oder zwei Paare. Dann ist es möglich, kleine Lebensräume zu schaffen, die sogar über den sehr bescheidenen Mindestanforderungen liegen, aber viele Gestaltungsmöglichkeiten bieten. Und der Halter hat großartige Möglichkeiten einer Ganztagsbeobachtung seiner Schützlinge, die anders gar nicht möglich wäre.

Das Gutachten über Mindestanforderungen an die Haltung von Kleinvögeln verspricht uns auch ein solches für domestizierte Vogelarten, das aber niemals erschienen ist. Es kursierte für einige Zeit unter den deutschen Vogelzüchterverbänden ein Entwurf hierzu, der unter Federführung des DKB entstanden war, der aber nie über den Status eines Arbeitspapiers hinausgekommen ist, noch gar den Segen eines Bundesministeriums fand. Das ist aus mehreren Gründen auch gut so! „Domestizierte Vogelarten" ist eine sehr unscharfe Umschreibung, der man nicht ansieht, dass die Vorstellungen zu Halte- und Zuchtbedingungen von den Schau- und Bewertungszüchtern (Standardzüchtern) dominiert werden. Diese Gruppe von Vogelzüchtern orientiert sich bewusst an dem Ziel, möglichst viele Vögel zu produzieren, um daraus die möglichst größte Annäherung an ein vorbestimmtes Zuchtziel hinsichtlich äußerer Merkmale der Vögel auswählen zu können. Das geht nicht nach dem Maße von Mindeststandards für Vogelhaltung, sondern, wie bereits dargestellt, in Zuchtboxen, von denen dann 30 oder auch 100 in temperierten, künstlich beleuchteten Räumen stehen. - Der Naturschutzring und der Deutsche Tierschutzbund haben schon den im Gutachten für Kleinvögel vorgesehenen Gehegegrößen nicht zugestimmt (mit angehängten Kommentaren), für diese Art der Haltung wird das grundsätzlich nicht zu erreichen sein, und das ist dann auch gut so. Das Problem der Domestikation betrifft ja auch bei weitem nicht nur Kleinvögel, sondern ganz vordergründig z. B. auch Papageien. Es wird kein Problem darstellen, die in Europa lebenden Wellensittiche für „domestiziert" zu erklären oder die zahlreichen Rassen der Kanarien oder auch die „Schau"zebrafinken. Aber letztlich sind alle in Menschenobhut gepflegten Vögel Domestikationseinflüssen ausgesetzt. Ab wann ist ein Vogel domestiziert? - und sind es dann auch gleich alle Exemplare dieser Art? – schließlich wird die Art an vielen Orten in vielen Ländern in praktisch voneinander getrennten „Populationen" gepflegt. Es gibt in Europa schon wenigstens 200, wenn nicht 300 in Menschenobhut gepflegte Vogelarten, die in bestimmten Populationen deutliche Domestikationserscheinungen zeigen, zum Teil irreversible, in anderen Populationen aber noch nicht. Wer entscheidet über den Status einer solchen Art und darüber, welche Mindestanforderungen für sie gelten? Fragen über Fragen, die es wert sind, an anderer Stelle ausführlicher diskutiert zu werden, aber schon jetzt den Rat beschwören, man lasse die Finger von „ Mindestanforderungen für domestizierte Vogelarten"! – oder sage exakt, für welche!

Und wer fühlt sich berufen festzulegen, dass domestizierte Vögel prinzipiell geringere Ansprüche an ihre Haltungsbedingungen haben dürfen? Wir sind hier durch Erfahrungen und gewachsene „ Selbstverständlichkeiten" aus der Nutztierhaltung verleitet, Parallelschlüsse zu ziehen, die nicht wirklich abgesichert sind durch die scheinbare Vergleichbarkeit dieser Art von Mensch-Tier-Beziehung. Vogelhaltung sollte als ethisches Prinzip den Grundsatz des immateriellen Interesses haben, also nicht auf irgend eine Art an materiellem Gewinn orientiert sein.

Ein Überlebensgewinn für den Menschen, der die Nutztierhaltung geschichtlich begründet hat und vielleicht heute noch rechtfertigt, scheidet für Vogelhaltung aus. Damit geht aber auch die Rechtfertigung für jede am Menschen und seinen Interessen orientierte „Optimierung" der Lebensverhältnisse der Vögel verloren! Und es ist möglicherweise wohl hilfreich, sich ins Gedächtnis zu rufen, wie schnell, als die Zeit dafür reif war, aus der traditionellen Nutztierhaltung diese moderne Massentierhaltung geworden ist, die alles Wesenhafte individuellen Lebens der Tiere verachtet und misshandelt. So weit sind wir mit der Vogelzucht zwar noch nicht generell, aber Massenvogelhaltung domestizierter Arten für Wettbewerbszwecke haben wir im einzelnen (nicht mal so seltenen) Falle schon. Konzessionen in Gestalt von Minimalansprüchen an die Haltungsbedingungen für domestizierte Vogelarten könnten schnell an die Grenze kommen, wo der Respekt gegenüber dem Mitgeschöpf endgültig menschlichen Interessen geopfert wird. Und die Kritiker der Vogelzucht, die diesen Tatbestand heute schon da und dort als erfüllt ansehen, könnten plötzlich Recht haben!

Und als ob dies alles nicht genug wäre, gibt es nun auch noch ein Gutachten zu Mindestanforderungen an die Haltung von vier Vogelarten, die der großen und wenig homogenen Gruppe der sogenannten Weichfresser angehören. („Weichfresser" ist ein klassischer Begriff aus der Vogelhaltung, mit dem die besonderen Nahrungsansprüche solcher Vögel in der allgemeinsten denkbaren Weise ausgedrückt werden, eine taxonomische Bedeutung im Sinne eines Ordnungsprinzips für die Vogelwelt hat er nicht.)

Dieses Gutachten ist vom Bundesamt für Naturschutz in Auftrag gegeben und herausgegeben worden unter dem 31. August 2000.

Die Frage, welche Umstände den vier Arten von „Weichfressern" – Augenbrauenhäherling, Silberohrsonnenvogel, Sonnenvogel und Beo – diese bevorzugte Behandlung verschafft hat, bleibt unbeantwortet. Sie sind weder die am häufigsten gehaltenen, noch die am schwierigsten zu haltenden Arten, noch sind ihre Haltungsanforderungen mehr als die anderer Arten repräsentativ für die Gesamtheit der „Weichfresser". Jedenfalls ist das Ganze nun 15 Jahre alt, und es gibt keinen Versuch, daraus ein umfassendes Gutachten für die Haltung von „Weichfressern" zu machen. Verglichen mit dem Lebensalltag in der Gesellschaft ist das gerade so, als ob es eine Straßenverkehrsordnung für rote Autos (oder blaue...) gäbe, die anderen können fahren, wie sie wollen. Da wäre keine Ordnung ehrlicher und mehr!

Und inhaltlich schimmert in diesem Gutachten an allen Stellen die Minimalstrategie der praktizierenden Vogelzucht durch mit ihren unseligen 1 m x 2 m x 2 m – Volieren und noch kleineren „Behältnissen" für die Zucht. Es ist amtlich abgesegnet, aber es ist eher schlecht als recht. Und das Ganze erinnert schmerzlich an einen Mangel, der allen diesen Gutachten, ja, dem ganzen Prinzip „Mindest-anforderungen" anhängt. Sie definieren Mindestnormen, bei deren Unterschreitung der Gesetzgeber bzw. seine Vollzugsorgane maßregelnd einzugreifen berechtigt und verpflichtet sind. Aber sie sagen nicht, was wirklich gut ist, und sie lassen den Schluß zu, dass es gut sei, Vögel in den Normen der Mindestanforderungen zu halten. Was rechtens ist, kann nicht falsch sein! Eine Vogelhaltung aber, die es nötig hat, sich an diesen Untergrenzen von irgend jemandem regulieren zu lassen, führt alle ihre Motive wie Liebe zum Mitgeschöpf, Interesse an der Lebensweise der Vögel, Erkenntnisgewinn durch Betreuung und Beobachtung, Lebensgewinn durch Verantwortung für anderes Leben, ad absurdum! Vogelhaltung, die entgegen dem Trend dieser Jahre ihre gesellschaftliche Akzeptanz wieder gewinnen will, hat sich nicht an Untergrenzen des Zumutbaren, sondern an den Obergrenzen des Machbaren zu orientieren. Die sind freilich schwer zu beschreiben, es war schon immer einfacher, Verbote zu definieren als Freiräume. Mögen doch Vogelzüchter ihren ganzen Schöpfergeist in diesen Freiraum investieren und die Grenzen dieser Mindestanforderungen nie berühren – von außen (!) versteht sich, von innen sowieso nicht!

10. SACHKUNDE

Es erscheint auf den ersten Blick überflüssig, viele Worte darauf zu verschwenden, dass jemand, der ein Tier hält, auch wissen muß, wie man das macht. Wenn man sich dann aber die flehenden Blicke eines Kindes auf einen Goldhamster oder einen Wellensittich und das weiche Herz von Müttern, Vätern oder sonstigen lieben Menschen in Erinnerung ruft, dann wird glaubhaft, dass nicht allzu selten Tiere in den Besitz von Menschen geraten, die es zwar über alle Maßen gut mit ihnen meinen, aber nicht wissen, was gut ist - und schlimmsten Falles auch nicht wissen, dass sie es nicht wissen.

Die Forderung des Tierschutzgesetzes, dass, wer Tiere in seine Obhut nimmt, die dazu notwendige Sachkunde haben muß, ist daher unerläßlich. Wie so oft, liegt aber auch hier der Teufel im Detail!

Wie wird man sachkundig? Was ändert sich für einen Vogelzüchter oder Schildkrötenhalter, wenn er „sachkundig" wird? Immerhin gibt es die Haltung exotischer Tiere in Menschenobhut seit über 2 000 Jahren und seit 200 Jahren als Massenerscheinung, „ Sachkunde" als definierten Anspruch oder als gesetzliche Forderung aber erst seit wenigen Jahrzehnten. Viele Generationen von Vogelzüchtern und anderen Tierhalter haben sich als im höchsten Grade sachkundig erwiesen, in welchem Verhältnis steht das zu den formalem Forderungen des Gesetzgebers? Macht lebenslang erworbenes Erfahrungswissen „ sachkundig", oder ist man das nur, wenn man im Besitze eines entsprechenden Zertifikates ist? Wo bekommt man solch ein Zertifikat? Was fängt man damit an? ...... Schon Mitte der neunziger Jahre des letzten Jahrhunderts, als die Diskussion um die Sachkunde in der Öffentlichkeit namentlich unter dem Einfluß der Tierschutzorganisati-

onen an Fahrt gewann, haben die deutschen Vogelzüchtervereine / - verbände zusammen mit anderen Tierhaltervereinigungen unter Federführung des Bundesverbandes für fachgerechten Natur- und Artenschutz (BNA) erste Schritte zur Entwicklung und Einführung eines Systems zur Vermittlung und Zertifizierung von Sachkunde unternommen. Diese Initiative richtete sich verständlicherweise zunächst auf denjenigen Personenkreis, der für irgendwelche Maßnahmen überhaupt organisatorisch zugänglich war, nämlich die in den Verbänden organisierten Halter und Züchter. Tragendes Element des Verfahrens sollte ein auf wissenschaftlicher Grundlage erarbeitetes Lehrmaterial sein, das in einer für Laien verständlichen Form vorliegen sollte. Das erwies sich als viel schwieriger, als gedacht, nun aber gibt es seit etlichen Jahren ein solches Lehrmaterial beim BNA. (Der DKB hat ein eigenes Lehrmaterial, das aber den gleichen Grundsätzen folgt.) Was aber damit anfangen?

Es war gedacht, dass die Vogelzüchter an Lehrgängen oder auch nur Abendveranstaltungen teilnehmen, wo qualifizierte „Sachkundevermittler" auftraten und hernach die Teilnahme der Züchter bescheinigten, die damit belegen konnten, ihrer Pflicht zum Erwerb von Sachkunde nachgekommen zu sein. Das Lehrmaterial wurde auch zum käuflichen Erwerb angeboten. Es kostet also Geld, auch die Schulung, und obendrein organisatorischen Aufwand, nicht nur für den Veranstalter, sondern auch für den Schulungsteilnehmer. Kurz, es gibt schon Grund genug, dass die Vogelzüchter darüber nachdachten, was sie denn am Ende davon hätten. – Und das ist herzlich wenig!

Vogelzüchter, die erpicht darauf sind, von ihren Vögeln so viel, wie nur irgend möglich zu wissen, haben längst andere Möglichkeiten des Wissenserwerb genutzt und wissen alles! Sie gehen trotzdem hin und holen sich das Zertifikat, weil sie sich voller Stolz ihre Kompetenz bescheinigen lassen wollen. Nur, am Zustand der Gesamtpopulation „Vogelzüchter" ändert sich nichts, es ist nichts hinzugewonnen. Diejenigen nämlich unter den Vogelzüchtern, die eher geringe Bildungsansprüche an sich stellen, gehen gar nicht erst hin. Sie haben längst gemerkt, dass sich an ihrem Status durch den Erwerb eines Sachkundezertifikats nichts ändert! Es gibt keine rechtswirksame Kontrolle der Sachkunde, kein Vollzugsorgan für die Durchsetzung der gesetzlichen Forderung.

Die Vogelzüchterverbände hätten eventuell die Möglichkeit, ihre Mitglieder an das System heranzuführen, aber auch sie können das nur nach dem Freiwilligkeitsprinzip, sie sind soweit kaum in einer besseren Position als ein öffentliches Angebot, wie es z. B. der BNA macht.

Und die vielen nicht in einem Verein organisierten Vogelzüchter, das sind, besonders wenn man die reinen „Halter" mitzählt, wahrscheinlich wesentlich mehr als die „organisierten", stehen völlig außerhalb jeden administrativen, ja sogar jeden informellen Einflusses. Sie werden in ihrer Mehrzahl von der Sachkundediskussion überhaupt nicht erreicht. Dabei darf man mit einigem Recht wohl davon ausgehen, dass gerade diese Gruppe, Menschen, die mehr oder weniger spontan exotische Tiere für Haltungszwecke erwerben, die Zielgruppe des Gesetzgebers hinsichtlich der Verpflichtung zu Sachkunde darstellen. Ein wesentliches Argument der Aktivisten des Sachkundenachweises war und ist, dass beim Kauf und Verkauf von Vögeln darauf zu achten ist, dass der Erwerbende auch die nötige Sachkunde zur Betreuung der Vögel hat. (Was völlig gleich lautend für alle anderen als „Heimtiere" angesehenen Tiere gilt). Das ist überzeugend - und in der Praxis wirkungslos!

Denn der Alltag ist so: Da ist ein kleiner Händler, der davon lebt, ab und zu einen Vogel zu verkaufen, oder da sitzt ein Züchter auf einer Vogelbörse, weil er seine viel zu reichlich ausgefallenen Nachzuchtvögel los werden muß, und die Geschäfte gehen schlecht. Und irgend wann kommt endlich ein Mensch, der einen Vogel haben will. Darf man im Ernst glauben oder erwarten, dass dann der Verkäufer Bedingungen stellt, ehe er seine „Ware" abgibt? Das ist für einen großen Teil der Vogelzüchter und jedenfalls für die meisten, die mit ihren Nachzuchten auf den großen Börsen handeln, realitätsfern.

Und es wäre auch deshalb wirkungslos, weil der Käufer ja viel erzählen kann, oder soll er gar vom Verkäufer mündlich geprüft werden oder sein Zertifikat ständig mit sich führen? Möglicherweise ist das etwas anders in den großen Zoofachgeschäften (die aber immer weniger mit Vögeln handeln!). Hier handelt der Angestellte nicht im Eigeninteresse, sondern im Auftrag und Interesse des Betreibers. Wenn dieser in seinem Hause zur Regel macht, dass bei Tierverkäufen die Sachkunde des Käufers zu erfragen oder zu erkunden, gegebenenfalls als Minimalvariante sogar zu vermitteln ist, dann kann das funktionieren, und aus erstaunten Reaktionen des „Publikums" weiß man, dass das tatsächlich zunehmend üblich wird. Das wäre dann ein weiterer Grund, dafür zu plädieren, dass der Vogelhandel und der Handel mit anderen in Menschenobhut gehaltenen exotischen Tieren wieder mehr durch Fachbetriebe übernommen wird, leider ein unzureichender, der kaum Aussicht hat, sich gegen den Sog des spontanen privaten Handels mit Vögeln durchzusetzen. Der ist nun einmal rechtlich nicht grundsätzlich angreifbar. Und er ist so von dem alles durchdringenden Geist der freien Marktwirtschaft getragen, dass darin restriktiv wirkende Regelungen, die nicht mit Sanktionen bewehrt sind, keine Chance haben.

Insgesamt muß man nüchtern feststellen, dass die absolut sinnvolle und notwendige Forderung des Gesetzgebers nach der Sachkunde von Tierhaltern sich praktisch ausschließlich an die Halter selber richtet. Alle, die an der Verwirklichung dieses Grundsatzes mitwirken, handeln im Sinne des Gesetzes, aber nicht rechenschaftlich, wenn ich von den professionellen Händlern absehe. Eine verbindliche Durchsetzung der Sachkunde wäre nur möglich, wenn die Vogelhaltung an eine rechtliche Erlaubnis gebunden wäre, und die muß man sich nicht wünschen. Die letzte Möglichkeit der Kontrolle in der Frage Sachkunde von Vogelhaltern hat der Gesetzgeber gerade abgeschafft: nach dem alten Tierseuchengesetz war die Betreibung eines Vogelgeheges jenseits einer (geringen) Mindestgröße und namentlich für Papageien erlaubnispflichtig und der Amtstierarzt war gehalten und berechtigt, die Sachkunde des Betreibers zu erfragen. Das neue Tiergesundheitsgesetz verzichtet auf diese Regelung und die Psittakoseverordnung ist ersatzlos gestrichen. (Zur Vermeidung von Missverständnissen sei darauf verwiesen, dass das baurechtliche Genehmigungsverfahren für die Errichtung einer Anlage zur Vogelhaltung weiterhin besteht!)

Es erweist sich somit, dass Sachkunde für die Haltung exotischer Tiere zwar zurecht und in absolut angemessener Weise vom Gesetzgeber gefordert wird, ihre Durchsetzung mit rechtlichen Mitteln aber kaum gelingen kann, weil einerseits Vollzugsorgane fehlen und andererseits und vor allem sich Sachkunde in der individuellen Vielfalt der Halter und der gehaltenen Tiere verwirklicht. Ein Sachkunde-Standard, der Grundlage rechtlichen Handelns sein könnte, kann nur Allgemeines und Grundsätzliches enthalten, die individuelle Ausgestaltung der Beziehung eines Halters zu seinen Tieren und die Vielfalt des Wissens (und Fühlens!), die darin wirkt, kann er weder reflektieren, noch vermitteln, noch regeln.

Deshalb bleibt Sachkunde als das Wissen um die Lebensanforderungen der Tiere, die Menschen bei sich halten, auch vor dem Hintergrund rechtlicher Regelungen Bedingung und Inhalt moralisch verantwortlicher Tierhaltung und tragender Bestandteil einer Ethik der Tierhaltung. Die wesentliche Einsicht, die einen Tierhalter dabei bewegen sollte, ist die, dass mit der Haltung eines Tieres ein „Verhältnis" entsteht, das die Notwendigkeiten des Gehaltenen gleichrangig macht mit den Erwartungen des Halters. Sachkunde ist insofern viel mehr als Wissen, nämlich auch Bereitschaft zu verantwortlichem Handeln im Dienste des gehaltenen Tieres.

11. QUALZUCHT

Wann der Begriff „Qualzucht" Eingang in den Alltagssprachgebrauch gefunden hat, ist nicht mehr sicher zu bestimmen. Es ist auch nachrangig hinter der Tatsache, dass er mit der Aufnahme in das deutsche Tierschutzgesetz einen amtlichen Status erlangt und eine klare Definition erfahren hat, mit der er der züchterischen Erzeugung von organischen und Verhaltensmerkmalen an Tieren Grenzen setzt, deren Überschreitung mit Zuchtverbot bedroht ist.

Mit der „Eindeutigkeit" der Bestimmung der Grenze zwischen erträglichen, also zulässigen, und unzulässigen Zuchtergebnissen hat es aber so seine Bewandtnis. Zunächst sei klargestellt, dass „Qualzucht" etwas anderes ist, als „Tierquälerei". Tierquälerei fügt Tieren durch Menschen sozusagen „von außen" Leid zu, Qualzucht erzeugt Tiere, die an ihren ererbten Eigenschaften oder Merkmalen, also „aus sich selbst heraus" leiden. Der Begriff ist allerdings unscharf insofern, als er nach den Regeln der Begriffsbildung in der deutschen Sprache auch bedeuten kann „Zucht um der Qual willen". Das ist zwar moralisch widersinnig, aber theoretisch so logisch, wie Pferdezucht die Zucht von Pferden und Rassenzucht die Zucht von Rassen bedeutet, und gelegentlich begegnet man Menschen, die den Vorhalt von Qualzucht durchaus mit der Absicht zu quälen gleichsetzen und so etwas natürlich mit Empörung von sich weisen, auch wenn der Vorwurf in der abgeschwächten Form erhoben wird, dass die Qual des Tieres „nur" billigend in Kauf genommen wird. Gemeint ist hier aber eine Tierzucht, bei der Merkmale und Eigenschaften an Tieren auftreten, die zu „Qual" führen oder führen können. Die Qualzucht ist Gegenstand des § 11b des Tierschutzgesetzes. Zur Auslegung

dieses Paragraphen in der Fassung des Tierschutzgesetzes von 1998 hat eine „Sachverständigengruppe Tierschutz und Heimtierzucht" des Bundesministeriums für Ernährung, Landwirtschaft und Forsten ein Gutachten erstellt, in dem „Qualzüchtung" folgende Definition erfährt: ...*Der Tatbestand des § 11b des Tierschutzgesetzes ist erfüllt, wenn bei Wirbeltieren die durch Zucht geförderten oder die geduldeten Merkmalsausprägungen (Form-, Farb-, Leistungs- und Verhaltensmerkmale) zu Minderleistungen bezüglich Selbstaufbau, Selbsterhaltung und Fortpflanzung führen und sich in züchtungsbedingten morphologischen und/oder physiologischen Veränderungen oder Verhaltensstörungen äußern, die mit Schmerzen, Leiden oder Schäden verbunden sind...* Im Weiteren werden dann die Begriffe „Schmerzen, Leiden und Schäden" erläutert. Was Schmerzen sind, weiß jeder, oder glaubt es zumindest. Menschen können Schmerzen, die sie empfinden, beschreiben und sich gegenseitig mitteilen. Tiere können das nicht, und selbst, wenn wir unterstellen, dass sie Schmerz genau so oder ähnlich wie wir Menschen empfinden, fehlt uns doch ein Zugang zum Empfinden des Tieres. Es ist ja selbst zwischen Menschen ein objektiver Vergleich von Empfindungen kaum möglich, viel weniger bei den Tieren und namentlich unseren Vögeln. Gleichwohl haben Verhaltensforschung, Veterinärwissenschaft und andere Forschungsdisziplinen inzwischen eine Menge von Signalen protokolliert, mit denen Tiere z. B. Schmerzerleben erkennbar machen. Es fehlt aber nach wie vor die Möglichkeit der Quantifizierung des Schmerzes und des Leidcharakters (Qual!), der von ihm ausgeht, es gibt keinen Grenzwert, unterhalb dessen ein Schmerzempfinden als banal abgetan werden kann und oberhalb dessen das nicht Zumutbare anzusiedeln wäre. Es ist auf den ersten Blick daher verständlich, dass das Gutachten zu dem Schluß kommt, dass das Vorhandensein von Schmerz auch ohne erkennbare Abwehrmaßnahmen des Tieres möglich sei. Beim zweiten Hinschauen wird aber deutlich, dass damit ein Raum für spekulative Feststellungen und Urteile geschaffen wird, in dem man sich angesichts der Tatsache, dass es sich um die Interpretation geltenden Rechts handelt, nicht sehr wohl fühlen kann. Zu „Leiden" führt das Gutachten aus, dass damit „...*auch alle von dem Begriff des Schmerzes nicht erfassten länger anhaltenden Unlustgefühle...*" der Tiere gemeint sind. Und weiter: *„Leiden werden auch durch instinktwidrige, der Wesensart eines Individuums zuwiderlaufende und gegenüber seinem Selbst- oder Arterhaltungstrieb als lebensfeindlich empfundene Beeinträchtigungen verursacht. Hierzu gehören im Hinblick auf § 11b auch dauerhafte Entbehrungen bei der Befriedigung ererbter arttypischer Verhaltensbedürfnisse."*

Das setzt nun allerdings Normen, die in die Beurteilung von Vogel- und sonstiger Tierhaltung noch kaum Eingang gefunden haben und finden werden. Eingriffe in das Triebverhalten der Tiere namentlich im Rahmen der Fortpflanzung sind in der Zucht die Regel und sogar eine anerkannte Methode des Tierschutzes, wenn es von einer Tierart so viele Individuen gibt, dass sie dem Menschen lästig werden. Man kastriert sie dann massenhaft und benimmt sie so der Realisierung des grundlegendsten aller Bedürfnisse, die das Leben hervorbringt, nämlich der Fortpflanzung. Das ist dann aber kein Verstoß gegen §11 des Tierschutzgesetzes, sondern lebendiger Tierschutz, für den höchste gesellschaftliche Anerkennung eingefordert wird. Das verstehe, wer will, und der Feststellung, dass die offiziellen Ausle-

gungen des §11 des Tierschutzgesetzes gleichwohl auf „weitem Felde" auslegbar sind, ist damit kaum zu widersprechen. Und das wird noch schlimmer durch den nachfolgenden Satz: *„Die Erheblichkeit von Schmerzen, Leiden oder Schäden braucht für die Erfüllung des Verbotstatbestandes nach § 11b nicht gegeben zu sein."* So sehr es zu begrüßen ist, dass für die bewusste züchterische Gestaltung von Tieren höchste Ansprüche an die Vermeidung von körperlichen und funktionellen Schäden gestellt werden, so bedenklich ist es, so weite Ermessensspielräume offen zu lassen.

Vor allem aber muß man sich daran stoßen, dass ausdrücklich **nicht erhebliche** Schmerzen, Leiden oder Schäden gleichwohl die Bedingungen von **Qual**zucht erfüllen. Das widerspricht der umgangssprachlichen Bedeutung des Begriffs „Qual" in geradezu entstellender Weise. Längst nicht jeder Schmerz ist eine Qual, das hängt nicht nur von seiner Intensität ab, die wir, wie dargelegt, in den meisten Fällen auch nicht zuverlässig messen können, sondern z. B. auch von der Lokalisation, seiner Dauer, seiner Beziehung zu notwendigen Lebensabläufen und anderem mehr. Der Begriff Qual steht geradezu für eine mindeste Schwere eines Negativerlebnisses, das durchaus nicht nur körperlicher Natur sein muß. Ganz im Gegenteil, bei uns Menschen beziehen Schmerzen und Leiden neben ihrer Schwere ihren Charakter als „Qual" vor allem aus der psychoemotionalen Verarbeitung dieses Erlebens. Ob und gegebenenfalls wie das bei Tieren und namentlich bei Vögeln abläuft, darüber wissen wir noch herzlich wenig, aber wir dürfen wohl sicher sein, dass Tiere nicht unterscheiden zwischen Schmerzen, die Begleitsymptom angeborener Merkmalskonstellationen oder Symptom eines metastasierenden Krebsleidens sind, Menschen schon! Und wenn man Menschen fragen würde, welches Leiden wohl am ehesten eine Qual sei, dann würden alle auf das Krebsleiden tippen, auch wenn im Augenblick die anderen Schmerzen schlimmer wären, weil Qual eben mehr ist als Schmerz, sondern dessen Bedeutung für das Leben im Augenblick und als Ganzes, seine Prognose, ja eine Fülle von sozialen Zusammenhängen einbezieht. Mit diesem Inhalt ist der Begriff „Qual" in den Menschenhirnen abgespeichert, da spielt es keine Rolle, ob das dem Menschen bewusst ist oder nicht, und dieser Inhalt wird auf einen Sachverhalt projeziert, der unter der Bezeichnung „Qual"zucht daher kommt, obwohl in Wirklichkeit eher unerhebliche Schmerzen, Leiden oder Schäden bei einem Tier vorliegen. Damit wird – vielleicht nicht für den Wissenschaftler, aber für den im Alltagsleben stehenden Normalbürger – ein emotionaler Zugang zu „Qualzucht" eröffnet, der nicht nur der Sache wenig dienlich ist, sondern zum Missbrauch geradezu herausfordert.

Es sind jedenfalls ernste Zweifel angebracht, ob der Begriff „Qual", der ein sehr komplexes und vor allem bewusstes Erleben umschreibt, auf Tiere so einfach übertragbar ist. Es genügt nicht, dass „jeder weiß, was damit gemeint ist", solange jeder damit umgehen kann, wie er will.

Auch hinsichtlich der „Schäden", die in der Definition angeführt sind, muß man die Angemessenheit des Begriffs „Qual" in Zweifel ziehen. Körperliche Veränderungen wie z. B. die Verkürzung oder Verkrümmung von Extremitäten oder des Schwanzes (bei Säugetieren) oder Deformierungen des Schädels können vom Tier nicht beurteilend wahrgenommen werden. Wenn sie nicht zu Schmerzen führen, empfindet sich das Tier so, wie es ist, als normal. Ein Tier bestimmt sein Selbstbild, wenn es denn eines hat, nicht aus einem Vergleich mit seinen Artgenossen.

Hier wie in den anderen diskutierten Zusammenhängen drängt sich die Frage auf, brauchen wir überhaupt die „Qual" als Anlaß oder Begründung, die Zucht von Tieren mit nachteiligen Merkmalen zu untersagen? Ist der Rückzug hinter das Alarmsignal „Qual!" nicht eher Ausdruck unserer Schwäche? Eine Moral, die dem in menschlicher Obhut gepflegten Tier einräumt, so sein zu dürfen, wie es ist, hätte eine Grenzziehung zur Qual nicht nötig, sie würde sich lange vor dieser Grenze selbst regulieren. Es gab in den letzten Jahren im Bereich der Geflügelzucht den Versuch, die Zucht einer Entenrasse nach § 11b des Tierschutzgesetzes zu verbieten. Haubenenten, eine Landentenrasse, tragen auf dem Kopf eine im Idealfalle kugelrunde kleine Federhaube, die über einem Defekt in der knöchernen Schädeldecke der Vögel steht. Haube und Knochendefekt sind genetisch aneinander gekoppelt, treten also immer gemeinsam auf. Es sollen bei dieser Rasse öfter als sonst plötzliche Todesfälle auftreten, die auf die Fehlbildung des Schädeldachs zurückgeführt werden. Mit dieser Begründung wurde die Zucht dieser Rasse in einer Klage mit dem Ziel des Zuchtverbotes als Qualzucht bezeichnet, was der Aussage des mehrfach zitierten Gutachtens entspricht: „... *Der maximale Schaden, den ein Lebewesen nehmen kann, ist der Tod...*"

Die zweite gerichtliche Instanz sah allerdings den Tatbestand der Qualzucht wegen der bloßen, und für das Einzeltier wenig wahrscheinlichen, Möglichkeit eines solchen tödlichen Ereignisses nicht als erfüllt an. Ein Körperschaden, den ein Knochendefekt im Schädel zweifellos darstellt, ist eben nicht automatisch eine Qual, auch nicht im Sinne der ausdrücklich betonten „Geringfügigkeit", die Annahme oder Unterstellung einer Qual sagt jedenfalls noch gar nichts.

Nun hat natürlich die Zucht einer Entenrasse mit Löchern in der Schädeldecke nicht wirklich einen höheren Sinn, und auch, wenn man das ästhetische Gefallen an der Haube akzeptiert bleibt die Frage, ob der Preis dafür in Gestalt dieser Fehlbildung am knöchernen Schädel angemessen ist. So lange sich aber die Frage nach der Existenzberechtigung einer solchen Rasse an „Qual oder Nichtqual" entscheidet, wird es sie geben, und fast alle diese Enten werden eines unnatürlichen Todes sterben unter der Hand des Schlachters, der nach dem Willen des Gesetzes keine Qual ist, im Gegensatz zu einem plötzlichen Tod als Folge einer Fehlbildung.

Sehr kompliziert! Und sehr hilfreich als klärendes Prinzip ist „Qual" jedenfalls nicht! Das zeigt sich auch in der Vogelzucht, wenn auch „Qualzucht" ein eher seltener Vorwurf ist, mit dem sie sich auseinander zu setzen hat. Aber hin und wieder bringt sie eben doch Formen hervor, die sich mit einzelnen Merkmalen so weit vom Bilde eines „normalen" Vogels entfernen, dass sich die Frage nach dem Sinn solcher Zucht aufdrängt, die alsbald auch zur Frage nach deren Zulässigkeit wird. Das geschieht ausschließlich in jenem Zweig der Vogelzucht, der den Wettbewerb der Züchter um den „besten" Vogel seiner Art oder Rasse pflegt, der dann in der Bewertung der Vögel anlässlich von Ausstellungen und Meisterschaften gipfelt. Vogelzucht, die der Bewahrung des Naturgegebenen, der Arten also in ihrer natürlichen Form verpflichtet ist, ist völlig frei vom Risiko der Qualzucht. Die Diskussion um Qualzuchten in der Vogelzucht ist in der interessierten Öffentlichkeit in den letzten Jahren vornehmlich am Beispiel der Kanarienrasse Gibber italicus geführt worden. Diese Rasse stellt eine Spitze (an der aber ständig weiter gearbeitet wird) der auf eine bestimmte Körperform und Körperhaltung gezüchteten

sogenannten Positurkanarien dar, die nahe mit den sogenannten Frisee-Kanarien verwandt sind und daher oftmals veränderte Gefiederstrukturen aufweisen.

Frisee-Kanarien sind gegenwärtig nicht Gegenstand von Qualzuchtdiskussionen. Das darf einen auch wundern im Angesicht eines Vogels, dem die Federn gegen die Flugrichtung gedreht sind. Die zahlreichen heute existierenden Frisee-Rassen sind das Ergebnis der Kultivierung einer überlebensfeindlichen Fehlbildung zum menschlichen Schauideal. Anatomische und physiologische Eigenschaften des Vogels sind so verändert, dass er nur in menschlicher Obhut leben kann, er ist ein Haustier vom Typ Mops.

Typisch für den Gibber italicus ist dagegen seine gestreckte Körperhaltung auf relativ lang wirkenden Beinen (weil sie in ganzer Länge aus dem spärlichen Bauchgefieder herausreichen und von diesem kaum bedeckt werden). In Schauhaltung sollen die durchgestreckten Beine mit der Körperachse bis zum Ende der Brustwirbelsäule eine senkrecht stehende Gerade bilden, der Hals ist rechtwinklig zu dieser Achse nach vorn gestreckt, der Schwanz

Abb. 11: Friseekanari in einem Bewertungskäfig.
Foto: D. Schmidt

verläuft als Fortsetzung der senkrechten Rückenlinie parallel zu den Beinen senkrecht nach unten und reicht bis unter die Sitzebene. Das Gefieder ist spärlich ausgebildet mit wechselnden Befiederungslücken im ventralen Körperbereich. Die Körperhaltung täuscht gelegentlich darüber hinweg, dass die Rasse wesentlich kleiner ist als z. B. durchschnittliche Farbkanarien, die Vögel wiegen mit durchschnittlich 16 g nur etwas zwei Drittel dessen, was Farbkanarien auf die Waage bringen.

Schon bei diesem bloßen Betrachten fällt einem die Frage ein, was für einen Sinn es haben soll, was für ein Wert darinnen steckt, einem Kanarienvogel die Kopfhaltung eines Geiers anzuzüchten und die Ständer eines Reihers. Schöner ist er dadurch nicht geworden, und das ist nicht einfach Geschmacksache. Ästhetisches hat, soviel darf an dieser Stelle in Erinnerung gerufen werden, in seiner Dimension als Naturästhetik, die hier im Umgang mit Tier und Leben gefordert ist, auch eine ethische Dimension in Gestalt moralischer Verantwortung für die Wahrung des Naturgegebenen einerseits und der Qualität des Einzellebens, in das der Mensch hineinwirkt, andererseits. Züchterische Veränderungen an Tieren mit ästhetischer Zielsetzung müssen auf der Waage einer ethischen Beurteilung bestehen können, die abwägt, was im zu unterstellenden Interesse des Tieres ist (oder dem wenigstens nicht diametral entgegenwirkt) und was ihm im vordergründigen Menscheninteresse zugemutet, abverlangt oder auch angetan wird. „Qual" – ich wiederhole mich – ist dafür qualitativ und quantitativ gleichermaßen ein ungeeigneter Gradmesser. Gleichwohl ist der Qualzuchtgedanke der Auslöser gewesen für wissenschaftliche Untersuchungen am Gibber italicus, die dessen Ausschluß aus der Zucht begründen sollten. Das entsprechende Gutachten belegt denn auch, dass die

ins Auge fallenden anatomischen und funktionellen Abweichungen des Gibber italicus vom Bild des Ausgangsvogels Kanarengirlitz (*Serinus canaris*) tatsächlich normale Lebensabläufe behindern und eindeutig in den Wirkungsbereich der oben zitierten offiziellen Auslegung des § 11 des Tierschutzgesetzes fallen. In einer Veröffentlichung dazu (21) wird unter anderem zitiert: „...*allerdings bereitete den Tieren die Nahrungsaufnahme vom Boden sowie das Baden in Schalen Schwierigkeiten, da sie aufgrund der durchgedrückten Intertarsalgelenke und dadurch entstehender Gleichgewichtsprobleme regelmäßig nach hinten kippten....* Und weiter „ ... *Bei Sprüngen von Stange zu Stange bzw Boden hatten die Tiere sowohl beim Absprung als auch bei der Landung durchwegs Gleichgewichtsprobleme. Sie kippten nach hinten bzw. nach vorne von der Stange und versuchten dann jeweils, das Gleichgewicht durch Flügelbewegungen zu halten....*"

Abb. 12: Kanarienrasse Gibber italicus. Auch für Laien als Schönheitsideal kaum zu begreifen.   Quelle: Klinik f. Vögel u. Reptilien der Universität Leipzig

Und auch die Beobachtung, die Besucher von Ausstellungen, wo diese Vögel noch immer zu sehen sind, machen, dass die Vögel beim Sitzen auf der Stange sich nämlich mit einem Bein am Käfiggitter festhalten, um über diese zweite Ebene ihr Gleichgewicht zu stabilisieren, wird in dem Gutachten bestätigt.

Logischerweise kommt das Gutachten nach all diesen und weiteren Feststellungen zu der „Empfehlung", diese Rasse nicht weiter zu züchten. Ein Zuchtverbot wirklich auszusprechen, ist Sache der Legislative, die sich bis heute um diese Entscheidung drückt. Nach dem Sachverständigengutachten des Bundesministeriums für Ernährung, Landwirtschaft und Forsten zur Auslegung des $ 11b wären allein mit den hier zitierten Funktionsabweichungen

Abb. 13: *Gibber italicus.*
Quelle: Klinik für Vögel und Reptilien d. Uiversität Leipzig

und Verhaltensstörungen die Voraussetzungen für ein Zuchtverbot erfüllt.

Zur Ehre der Vogelzüchterschaft darf man gottlob feststellen, dass es in Deutschland nur noch eine Handvoll Züchter gibt, die sich dieser Einsicht hartnäckig verweigern.. Allerdings werden von dieser Gruppe Argumente in die kritische Auseinadersetzung mit dem Gibber italicus hineingetragen, zu denen ein Wort gesagt werden muß. Da wird z. B. artikuliert, dass diese Vogelrasse als Werk italienischer Züchter ein hohes italienisches Kulturgut sei, das man aus Gründen des Respekts auch in Deutschland achten müsse.

Nun ist es in der Tat so, dass die italienische Nation für ihren Beitrag zur europäischen und Weltkultur höchsten Respekt und Verehrung verdient, nur würde ich die in Übereinstimmung mit nahezu 100 Prozent aller Italiener eher aus der Hinterlassenschaft des Römischen Reiches und von Galilei, Leonardo da Vinci, Dante oder Verdi beziehen, auf den Gibber oder die Vogelzucht überhaupt kommt da keiner. Und noch einmal: Die Tatsache, Teil der Kultur zu sein, unterscheidet Vogelzucht nicht von allem Anderen, das wir von morgens bis abends tun und vermittelt keinen unterscheidenden Wert. Dagegen ist es seit Menschengedenken selbstverständlich, dass Einzelerscheinungen, die die Kulturen in ihrer Zeit hervorbringen, wieder verschwinden, wenn die Entwicklung des Ganzen sie nicht trägt. Die Haltung und Zucht von Vögeln durch Menschen ist ein langlebiger Bestandteil der Kultur in allen Weltregionen, die Erscheinungen, die sie in Gestalt von Vogelrassen hervorbringt, haben sich vor dem geistigen und moralischen Stand ihrer Epoche zu bewähren oder gehen unter. Der Gibber italicus als Extremform wird untergehen, die abendländische Kultur wird es nicht bemerken, so wenig, wie sie seine Existenz wahrgenommen hat.

Daran wird ihn auch die Tradition nicht hindern, die er angeblich verkörpert. Er war nie Träger einer eigenen Tradition, sondern bestenfalls ein Glied in einer Entwicklung in der Kanarienrassenzucht, die in der öffentlichen Wahrnehmung und Sympathie stets deutlich hinter „gängigen", dem Naturtyp des Vogels entsprechenden oder nahe kommenden Zuchtformen zurückstand. Vor allem aber ist „Tradition" ohnehin kein Anspruch auf Erhaltung. In dem gleichen Italien, das den Gibber hervorgebracht hat, werden jedes Jahr im Frühjahr und Herbst Hunderttausende von Zugvögeln erschossen, einfach so, aus Freude am Schießen, manche Leute essen sie auch. Das ist auch eine Tradition, und keiner von den vielen Menschen in Europa, die sich endlich gegen diesen Wahnsinn auflehnen, hat Angst, eine Tradition zu missachten, gar eine Kultur zu beleidigen. Traditionen haben ihre Zeit, die irgendwann einmal abgelaufen ist.

Erstaunlicher Weise ist es um die „Qualzucht"relevanz des Schauwellensittichs in den letzten Jahren eher ruhig geworden, nachdem sie in den neunziger Jahren schon einmal hohe Wellen geschlagen hatte. Damals hatte die Entwicklung hin zu übergroßen Vögeln mit dem doppelten bis im Einzelfalle dreifachen Körpergewicht des Wildwellensittichs um den Preis, dass die Vögel nicht mehr fliegen konnten, begleitet von überdimensionierter Kopfbefiederung, die das Blickfeld der Vögel hochgradig einengten, einen ersten Höhepunkt erreicht. Die Diskussion um das tierschutzwidrige Zuchtziel der Schauwellensittichzucht verlief aber nach zwei oder drei Jahren im Sande, die Züchter setzten sich mit der „Übertypisierung", wie sie es nennen, kritisch auseinander und erreichten Stillschweigen der Tierschützer. Wirklich erreicht worden ist aber lediglich, dass sich die damals eingeschlagene Entwicklung nicht in dem damaligen Tempo fortsetzte, wirklich

zurückgenommen ist an der Entwicklung des Schauwellensittichs nichts. U.a. *R. Schöne* (38) hatte bereits 1991 darauf hingewiesen, dass die wesentlichen Entwicklungen des Bildes des Schauwellensittichs durch das Gefieder und die Federstruktur erreicht werden. Diese ist mit der Benachteiligung oder dem Verlust ursprünglicher Federfunktionen verbunden, die einen tiefen Eingriff in natürliche Lebensabläufe der Vögel bedingen. Das betrifft erstens das Fliegen, das in erster Linie durch das Übergewicht bei – wie man lange Zeit glaubte - praktisch unveränderten Skelettverhältnissen und damit Hebelarmen behindert ist und weder muskulär noch von der Tragfähigkeit des Fluggefieders ausgeglichen werden kann. Neuere Untersuchungen haben zwar gezeigt, dass inzwischen auch das Skelettsystem der großen Schauwellensittiche aus dem Naturmaß herausgewachsen ist, die mit den Riesenformen verbundenen funktionellen Nachteile haben sich damit aber nicht aufgehoben. (5)

Sodann trägt möglicherweise die veränderte Kloakenbefiederung eine Mitschuld an den geringen Befruchtungsraten der Gelege, und drittens schließlich ist das Sehvermögen durch die Kopfbefiederung erheblich eingeschränkt. *R. Schöne* (ebenda) führt dazu aus, dass der Wildwellensittich mit seinen seitlich am Kopf sitzenden Augen, die jeweils ein Blickfeld von rund 180 Grad haben, nahezu ohne Kopfbewegungen ein Blickfeld von 360 Grad, also einen „Rundumblick" hat. Ein „guter" Schauwellensittich von heute hat, von vorne gesehen, gar keine Augen, sie sind rund herum mit Federn zugewachsen. Es bleibt ihm zwei voneinander unabhängige mehr oder weniger röhrenförmige Blickfelder, mit denen er schauen muß, wie er zurecht kommt. Offenbar kommt er zurecht, und in seiner Zuchtbox oder im Ausstellungskäfig braucht er auch keinen Rundumblick, niemand will ihm an den Kragen.

Aber der Wellensittich ist evolutionär mit seiner arteigenen Sehfunktion entstanden, und ob die ihm angezüchtete Einschränkung seiner Sehfunktion wirklich außerhalb des Ermessens nach § 11b des deutschen Tierschutzgesetzes steht, daran darf man auch Zweifel haben. Vielleicht „quälen" sich die Vögel wirklich nicht, weil sie ja nicht wissen, was sie ihrer Art entsprechend eigentlich können müssten, aber flugbehindert, sehbehindert und fortpflanzungsbehindert sein zu müssen, damit ein Züchter ein lebensfernes „Schönheitsideal" an ihnen verwirklicht, das ist dann doch eine Zumutung, für die ich eine moralische Rechtfertigung nicht finden kann.

Neben dem Gibber italicus, der allerdings nur die Spitze einer langen Reihe von Rassen der Positur- und Friseekanarien darstellt, die rein biologisch schwerlich zu rechtfertigen wären, und dem Schauwellensittich gibt es in der aktuellen Vogelzucht wenig Grund, „Qualzucht" ins Gespräch zu bringen. Zwar sind viele Rassen, namentlich beim Zebrafinken, zu Körpermaßen und -gewichten herangezüchtet worden, die die Ausgangsform oder Wildform

kaum mehr erahnen lassen, doch scheinen diese das besser wegzustecken, als der Schauwellensittich, maßgebliche Funktions- und Verhaltensstörungen der Vögel sind bisher nicht beschrieben.

Ein paar Jahre lang hatte man sich mit der Erfahrung auseinander zu setzen, dass Farbveränderungen, namentlich Farbverluste und hier besonders Albinismus Störungen des Sehvermögens bis hin zur Erblindung der Vögel zur Folge hatten. Das betraf Kanarienrassen und auch Nymphensittiche und wohl auch weitere Fälle, die wahrscheinlich nicht alle bekannt geworden sind. Nach Bekanntwerden der genetischen Zusammenhänge dieser Erscheinungen ist die Zucht einschlägiger Rassen aber alsbald von den Züchtern selber unterlassen worden, sie war nie ein Massenphänomen und stellt heute kein Problem von öffentlichem Rang mehr da. Rückfälle sind heute wohl mehr Fälle von Nichtwissen bei den Züchtern als Ausdruck der Inkaufnahme von Schäden bei den Tieren als Preis für ein fragwürdiges Zuchtziel.

Der weit überwiegende Teil der Vogelzucht in Deutschland hat keine Berührung mit dem

Abb. 14: Wildform des Wellensittichs im Zoo Pilsen (CR).   Foto: D. Schmidt

Abb. 15: Wellensittich Zuchtform „Schauwellensittich" Wo sind die Augen des Vogels? „Schauen" kann hier nur der menschliche Betrachter   Foto: N. Kirstein

Qualzuchtparagraphen 11 b des deutschen Tierschutzgesetzes!

Das ist aber auch das Mindeste! „Qual" ist, wie wir gesehen haben, eh kein wirklich passender Begriff für die Kennzeichnung der Grenze zum moralisch Unzulässigen im Umgang mit Tieren. Aber auch nach der viel feineren Definition des Sachverständigengutachtens des BML möchte ich meine Vogelhaltung nicht beurteilt wissen. Rechtlich relevante Leiden oder sonstigen Nachteile, die ein Vogel in menschlicher Obhut zu ertragen hat, liegen weit jenseits dessen, was Menschen moralisch zu verantworten und folglich zu tun haben. Eine am Recht orientierte Vogelzucht motiviert sich damit, Unbill für den Halter oder Züchter zu vermeiden. Das mag am Ende auch den Vögeln (oder jedem anderen Tier) zugute kommen, aber jenseits der Grenzen, die das Recht setzt, gibt es einen riesigen Handlungsbereich des Halters und Züchters, in dem „nur" die Moral regiert. Hier allein wird entschieden, ob die Haltung und Zucht von Vögeln (und allen anderen sonst wild lebenden Tieren) ein Dienst am Wohlergehen von Individuum und Art ist oder eine „Indienstnahme" des Vogels für Menscheninteressen, für die „Qualzuchten" nur die Spitze des Eisberges darstellen, die aber in Gestalt der massenhaften sogenannten Mutations- und Mischlingszuchten geradezu das Wesen der traditionellen Vogelzucht ausmacht.

12. Vom Bewertungswahn und den „Mutationen"

Wie viel oder was ist ein Vogel wert? Ich sitze im Garten und um mich schwirrt die frühsommerliche Vogelwelt, Haus- und Feldsperlinge, Kohl- und Blaumeisen, Amseln, Grünlinge und Buchfink, die heimliche Heckenbraunelle und der scheue Kernbeißer, Kleiber und Mönchsgrasmücke, Türkentaube und Ringeltaube, und am äußersten Rand des Gartens an einem Nistkasten der Wendehals. Sie leben alle nebeneinander, als ob es den anderen nicht gäbe, das einzige „Miteinander" bietet der Futterplatz, den ich auch in der warmen Jahreszeit biete, der allerdings nicht von allen besucht wird.

Wenn dann immer wieder einmal die Elster vorbeischaut, ob ein Nest oder ein unvorsichtiger Jungvogel zu kriegen sei, oder Nachbars Katze am Zaun entlang schleicht mit dem gleichen Gelüst, dann ertappe ich mich dabei, dass ich mir um die Wendehälse mehr Sorgen mache, als um die Spatzen. Waren sie nicht eben noch alle gleich? Ich messe jetzt dem Wendehals einen höheren Wert zu als dem Sperling, und der Grund dafür liegt auf der Hand: Der Wendehals ist ein recht selten gewordener Vogel, den ich besonders behüten zu müssen glaube, und ich empfinde Stolz und Freude dabei, dass er mir fast jedes Jahr durch sein Brüten in meinem Garten Gelegenheit dazu gibt. Jedes Exemplar dieser Art ist für mich wertvoll, weil es meine Vorstellung von der Erhaltung dieser Art nährt, während ein Sperling von den vielen nicht ins Gewicht fällt.

Der Sperber sieht das ganz anders, für ihn ist derjenige Vogel der wertvollste, den er erwischt hat, alle anderen sind gleich wertlos oder eine nur ganz allgemeine Option für das Überleben, die keinen wertenden Unterschied macht zwischen den Individuen oder Arten.

Die Verwendung des Begriffs „Wert" für die Beschreibung von Naturverhältnissen ist insofern also irreführend, weil rein menschlich. Zutreffender ist es wohl, von der „Bedeutung" der Glieder natürlicher Gemeinschaften für einander und für die Gemeinschaft als Ganzes zu reden. Die Natur kennt weder einen vergleichenden noch einen abstrakten „Wert" irgend eines ihrer lebendigen Teile.

Wert, Werten, Bewerten - das sind Erfindungen des Menschen ! „Wert" ist in Anlehnung an lexikalische Definitionen eine auf menschlichem Übereinkommen begründete und auf dem Wege von Schätzung und Abwägung vollzogene Ordnung der Dinge in **Bezug auf den Menschen**. Wertung schafft somit eine Hierarchie der Dinge oder Sachverhalte, die ihnen natürlicher Weise nicht innewohnt, es gibt Wichtiges und Unwichtiges, Wertvolles und weniger Wertvolles – und Wertloses, - eine beunruhigende Idee mit Blick auf Vögel in menschlicher Obhut. Und dann ist Bewertung, also die Zuordnung eines bestimmten Platzes in einer menschlichen Werteskala, letztlich auch eine Form der Inbesitznahme, jedenfalls bestimmend für das Verhältnis, das man zu dem bewerteten Objekt (hier Vogel) hat. Der „bestbewertete" Vogel, der „Sieger" oder „Meister" oder „Champion" glorifiziert den Züchter, der ihn wie seinen Augapfel behüten wird, und am anderen Ende der Skala bahnt das Urteil „wertlos" den Weg zu Entzug oder Verweigerung der Verantwortung für das Objekt. Die Bewertung „ordnet" also nicht nur die Vögel, sondern auch das Verhalten ihrer Besitzer ihnen gegenüber.

Das variiert natürlich in Abhängigkeit von den persönlichen moralischen Maximen, die einen jeden Vogel- oder Tierhalter leiten. Aber die Einflüsse, die von der Bewertung von Vögeln und dem darauf aufbauenden Wettbewerb der Züchter her auf das Verhältnis der Züchter zu ihren Tieren wirken, sind ausschließlich auf den „Wert" und somit ausschließlich auf das Menscheninteresse gerichtet.

Da bieten in den Fachzeitschriften schon einmal die Züchter ihre Vögel an mit dem Hinweis „Dreimal Deutscher Meister" oder „Viermal „v" („v" = „vorzüglich") bei irgend einer Bewertungsschau, und niemand wagt eine Frage nach dem Preis, der natürlich höher ist, als beim „gewöhnlichen" Vertreter seiner Art. Die Bewertung von Vögeln hat eben entgegen anders lautenden Beteuerungen nicht nur (und wohl auch nicht in erster Linie) einen ideellen Charakter, sondern knallharte materielle Auswirkungen.

Bei der Wertzuordnung / Bewertung von Individuen durch den Menschen bleiben biologische Zusammenhänge völlig außer Acht, werden oftmals geradezu ausdrücklich außer Funktion gesetzt. Umgekehrt aber verändert die Bewertung eines Individuums durch den Menschen nachfolgend dessen Rolle in der Gemeinschaft. Die natürlichen Abläufe in einer Population werden vom Menschen willkürlich verändert, indem Vögel mit für eine hohe Bewertung unzureichenden oder nachteiligen Eigenschaften von der Zucht ausgeschlossen werden, was im Regelfalle der weitaus größte Teil einer Ausgangspopulation ist und den Nebeneffekt einer extremen Verkleinerung der „Zuchtpopulation" zur Folge hat. Für Populationsgenetiker oder Menschen, die einfach an der Erhaltung von Arten interessiert sind, ist das eine Katastrophe, der Anfang vom Ende. Für die Bewertungszucht ist es tatsächlich der Anfang, und für das Erreichen hoher Bewertungen in der modernen Standardzucht ist es sogar eine conditio sine qua non, eine Voraussetzung, ohne die es gar nicht gehen würde.

Vögel, die hohe Bewertungen versprechen, werden in engster genetischer Nachbarschaft so wirksam, wie nur irgend möglich, miteinander verpaart, oftmals bis hin zu einer geradezu kultisch betriebenen Inzucht, wie das Beispiel des Schauwellensittichs zeigt.

Die Bewertung ist somit eben nicht jene harmlose Betrachtung und Ordnung der Individuen nach ästhetischen, also menschlichen Gesichtspunkten, sondern eine, wenn nicht die Triebfeder menschlichen Verhaltens in der willkürlich gestaltenden Vogelzucht. Die Züchter solcher domestizierten Vogelarten wie Schauwellensittich oder Kanarien werden dieser Feststellung entgegenhalten, dass sie ja gar nicht die Absicht und mit ihren Vögeln auch gar nicht die Möglichkeit haben, in irgend eine Beziehung zu Arterhaltung oder zum irgendwie gestalteten Schicksal von Arten zu treten. Sie bewegen sich mit ihren domestizierten Vögeln im inneren Kreise ihres Spezialgebietes und glauben sich insofern in jeder Hinsicht geschützt und im Recht.

Ein unvoreingenommener Betrachter muß wohl auch einräumen, dass Vogelzucht nach Zuchtzielen, die ein Standard vorgibt, ohne eine Bewertung der Vögel, die feststellt, wie weit man sich dem Zuchtziel angenähert hat, nicht gehen kann.

Aber der gute Wille zum Verständnis wird alsbald vor große Probleme gestellt, wenn man sich einmal durch die großen deutschen Vogelschauen (mit Bewertung!) kämpft. Ja „kämpft", weil das Interesse und der Versuch eines differenzierten Urteils nach den ersten zweitausend Vögeln und im Angesicht weiterer zehntausend ermüden, und die Frage nach dem Sinn des Ganzen immer weniger eine befriedigende Antwort findet. Die Unzahl von Vögeln ist zwar in eine ebensolche Unzahl sogenannter Schauklassen gegliedert, damit möglichst viele der Aussteller einen Preis gewinnen können, aber der Außenstehende hat keine Chance zu erkennen, warum das so ist. In vielen Fällen findet er auch keine Erklärung, keine nachvollziehbare Erläuterung des Urteils, das einen Vogel in seiner Klasse zum Sieger erklärt. Er ist einfach „Sieger" und hat damit die Chance auf einen Pokal, den freilich der Züchter erhält, und auf Erwähnung in der Siegerliste – auch der Züchter.

„Bewertung" als Notwendigkeit für die Zucht könnte glaubwürdig sein, wenn sie feststellte und zum Ausdruck bringen würde, welche Eigenschaften eines Vogels in welchem Maße dem Ideal des Standards entsprechen und welche Eigenschaften nicht – und warum. Bei einigen regelmäßig stattfindenden Schauen wird das so praktiziert, und das hat dann wenigstens drei ganz wichtige Wirkungen: Der Züchter erfährt, wo (nach Auffassung des „Zuchtrichters") die Stärken und Schwächen seiner Vögel liegen und worauf er also bei der Fortsetzung seiner Zucht sein Augenmerk zu richten hat; der Betrachter, besonders der mehr oder weniger laienhafte, erfährt eine Erklärung für die Entscheidungen des Zuchtrichters und erhält die Möglichkeit, sie nachzuvollziehen oder auch nicht; der Zuchtrichter schließlich legt seine Gedanken, Einsichten, Urteile und damit seine Kompetenz offen und stellt sich damit der Kritik nicht nur innerhalb seines „Standes", sondern auch in der Öffentlichkeit.

Wenn also – was ich damit nicht entschieden haben möchte – Bewertung und ihre öffentliche Zurschaustellung mit dem Charakter eines Wettbewerbs schon sein müssen, dann ist dieser transparente Umgang mit den Geheimnissen von Zucht und Bewertung das Mindeste, was man erwarten muß, um an den Zusammenhang von Zucht und Schau zu glauben.

Aus unerfindlichen Gründen sind aber die Züchter, die sie tragenden Vereine und Ver-

bände und besonders die Zuchtrichter / Preisrichter von dieser Logik nicht überzeugt. Namentlich in der Schauwellensittichszene dominiert bei Bewertungsschauen das Prinzip, in den Schauklassen und gegebenenfalls auch für die Gesamtschau nur Sieger und Platzierte zu benennen ohne Angabe von Gründen, die dem Züchter oder dem Betrachter die Möglichkeit geben würden, zu verstehen, warum einer Sieger und ein anderer Zweiter oder Dritter ist. Dieses System verleiht den Zuchtrichtern eine Alleinstellung, eine Macht, jenseits jeder Kontrolle zu bestimmen, was „gut" ist, die in jedem anderen gesellschaftlichen Bereich in einem Sturme der Entrüstung zerschlagen werden würde. Nicht so in der Vogelzucht, und das muß Gründe haben. Die aber sind so leicht nicht aufzudecken, weil sie sehr komplex und nur bedingt rationaler Natur sind. Es besteht da offenbar ein Konsens, der den emotionalen Inhalten dieser Art von Vogelzucht Heimstatt bietet, hier wird nichts hinterfragt. Der Züchter will seine Schau, wo er unter Gleichgesinnten sein Bedürfnis nach „Heimat" befriedigt, und er will seinen Sieger und Platzierten, möglichst sich selbst in dieser Rolle, einen Pokal und seinen Namen in der Siegerliste. Eine detaillierte Einzelkritik seiner Vögel wäre dem Seelenfrieden des Züchters abträglich und würde für die Zuchtrichter mehr Arbeit und die Offenlegung ihrer Kompetenz bedeuten. Dies beides zu verhindern, da begegnen sich die Interessen der Beteiligten in geradezu idealer Weise.

Im Schatten dieser „Harmonie" und der Unantastbarkeit der Zuchtrichter finden aber eben auch Entwicklungen Raum, die der Vogelzucht erheblich schaden. Die Ausuferung der Schauwellensittichzucht zu jenen übergroßen, dickköpfigen, kaum noch flugfähigen und sehbehinderten „Idealen" ist die „Schuld" der Zuchtrichter! Sie haben über Jahrzehnte hinweg das kapitale Tier zum Sieger und damit zum Maß der Zucht gemacht, und sie hatten und haben sich dafür vor niemandem zu rechtfertigen. Den Verbänden sei zugestanden, dass sie immer einmal wieder versuchen, die Zuchtrichter auf notwendige Veränderungen festzulegen. Ein Ergebnis ist nicht sichtbar, was auch nicht verwundern kann, ist doch die Autonomie der Zuchtrichter in den Rechtswerken der Verbände mehr oder weniger verbindlich garantiert.

Das Prinzip, Vögel nach menschlichen Wertvorstellungen zu beurteilen, mag bei allen Mängeln und Ungereimtheiten, die es in der Praxis zeigt, am Ende hinnehmbar sein, sofern es sich um vom Menschen geschaffene Rassen handelt. Hühner und Tauben sind schließlich auch Vögel, und bei den Bewertungsschauen für Geflügel tummelt sich die politische Klasse und hebt sie in den Rang gesellschaftlicher Ereignisse. Was soll auch schlimm daran sein, einer Hühnerrasse eine neue Farbe anzuzüchten. Es geht einfach um Äußerlichkeiten, egal, ob bei einem Brahmahuhn oder bei einem Glosterkanarie. Dieses harmlose Spiel mit der Veränderbarkeit der Individuen und der Gestaltung von Rassen, das in der Praxis der Bewertung gipfelt, ist aber als Grundidee für den Umgang mit Vögeln in menschlicher Obhut weit über die domestizierten Rassen hinaus wirksam und in seiner Unfähigkeit, Grenzen zu definieren und zu respektieren, eine große Gefahr für die nicht domestizierten natürlichen Arten. Die Bestände an Vögeln natürlicher Arten in menschlicher Obhut, die bei etwas länger lebenden Arten wie vielen Papageien noch auf Naturentnahmen zurückgehen, sind anhaltend und zunehmend bedroht durch Infiltration mit sogenannten „Mutationen", Zuchtformen und Hybriden. Diese finden alsbald Zugang zu den Bewertungsschauen und erhalten einen Platz in den Standards

der Verbände, womit die Verbände ein Tor ständig offen halten, durch das Züchter zu „Ehren", Rassen zu ihrer Anerkennung und Arten zu ihrer Vernichtung gelangen können. Die Verbände erweisen sich als unfähig, diesen Prozeß aufzuhalten, ja, sie sind unwillig, diesen Prozeß zu stoppen, sie leben ja in gewissem Sinne davon. Denn: wer ausstellen will, muß Standgeld zahlen und wer einen Preisgewinnen will, muß Mitglied sein; so pflegt man seine Klientel!

Was das Schicksal des Vogels und seiner Art angeht, so beginnt sein Leidensweg zum Zuchtobjekt damit, dass ein strahlend schöner Edelpapagei aus dem fernen Neuguinea oder eine ebenso schöne Amazone aus der Karibik auf einer Ausstellung zu sehen sind in je einem Käfig von einem oder zwei Quadratmetern Grundfläche und zwei Metern Höhe, ausgestattet mit einer Sitzstange und an den Seitenwänden angehängten Näpfen für Nahrung und Wasser. Diese Vögel leben natürlicher Weise in Urwäldern, die Vereinfachung ihrer Umwelt auf eine Sitzstange mit Brot und Wasser ist verschärfter Stubenarrest! Die Weglassung jeder blassen Erinnerung an die natürlichen Lebensumstände dieser Vögel, die durch eine unendliche Pflanzenvielfalt geprägt sind, beeinflusst natürlich auch unser ästhetisches Urteil. Das ist Absicht, es interessiert nur der nackte Vogel und seine Bewertung, sonst nichts!

Und so findet man rasch das Schildchen mit der Aufschrift „Gruppensieger" oder „ Gruppenzweiter" oder an anderer Stelle auch eine Bewertung nach Punkten, 95 von 100 möglichen Punkten für den Besten seiner Art! Das bedeutet, dass das Werk von Millionen Jahren der Evolution oder auch die Leistung des göttlichen Schöpfers den Erwartungen des allerhöchsten Richters in Gestalt eines deutschen Zuchtrichters zu 95 % entspricht. Immerhin!

– wird sich der Schöpfer sagen und schmerzlich daran erinnert sein, dass ja auch der Zuchttrichter zum Gesamtwerk seiner Schöpfung gehört. Aber wir Menschen, müssen wir diesen unsäglichen Hochmut, diese Verweigerung unserer Einsichten in den naturgesetzlichen Zusammenhang von Art und Individuum, diese anmaßende Inbesitznahme von Naturgeschöpfen für menschliche Spielinteressen wirklich hinnehmen?

Es scheint so. Von sich selbst aus wird diese noch immer dominierende Art von Vogelzucht da kaum etwas verändern. Bewusst oder unbewusst pflegt sie mit dieser Wildvogelbewertung einen der Quellflüsse der sogenannten Mutationszuchten, von denen das Ausstellungswesen zunehmend lebt.

Die Bewertung von Wildvögeln ist nicht nur ein ästhetisches oder ein ethisches Problem, sondern sie hat auch unmittelbare Folgen für die Zucht. Sie sortiert den Bestand an Vögeln einer Art nach willkürlich ausgewählten äußeren Merkmalen, was dazu führt, dass nicht alle Vögel gleichermaßen gut geeignet sind, bei einer Nachzucht das gewünschte Erscheinungsbild hervorzubringen. Es werden also „gute" Vögel bei der Verpaarung begünstigt und „schlechtere" zurückgesetzt. Die im Verhältnis zu den Naturvorkommen in der Regel ohnehin schon eher kleinen Populationen einer Art in Menschenobhut werden damit, was die Fortpflanzung angeht, künstlich noch weiter verkleinert. Die Folge davon ist eine unter Umständen binnen weniger Generationen eintretende genetische Verarmung, die Einengung oder gar der völlige Verlust der genetischen Variabilität. Es erhöht sich die Wahrscheinlichkeit des Auftretens von Mutationen, und es verbessern sich die Möglichkeiten des züchterischen Umgangs damit, weil der Störfaktor Variabilität minimiert ist. Für eine Vogelzucht, die auf die

Hervorbringung immer neuer Bewertungsobjekte ausgerichtet ist, ist das der Königsweg, für natürliche Arten in den Händen solcher Züchter das sichere Ende.

Die Möglichkeit für solche Vorgänge geht zurück auf die Tatsache, dass das Genom eines jeden Lebewesens außer relativ stabilen Informationen, die in ihrer Gesamtheit beispielsweise die Artzugehörigkeit ausmachen, auch zahlreiche variable Informationen bereithält. Sie sind unter anderem dafür verantwortlich, dass sich praktisch in keiner Art von Lebewesen zwei Individuen absolut gleichen. Das gilt auch für uns über 7 Milliarden Menschen. Es überrascht, wie leicht es uns fällt, sehr viele Menschen voneinander zu unterscheiden und bekannte Menschen wieder zu erkennen. Dagegen gelingt es uns selbst in einem kleinen Schwarm von Vögeln kaum, Individuen auseinander zu halten, bei einfarbigen, wie Krähenvögeln beispielsweise gar nicht. Die Vögel aber können das und finden im Schwarm ihren Partner!

Die Vielzahl der Merkmalsabweichungen von einem Mittelwert der Gesamtpopulation verteilt sich nach dem Prinzip der Gauss'schen Verteilungskurve.

Die Abweichung vom Normal- oder Mittelwert der Merkmale im Sinne von mehr (+) oder weniger (-) ist auf der Waagerechten eingetragen, die Häufigkeit ihres Auftretens auf der Senkrechten. Je gröber Merkmale vom Normalwert abweichen, um so seltener sind sie im Regelfalle, anderenfalls würden sie die ganze Säule nach rechts oder links verschieben. Die Basis der Kurve ist deshalb breit und flach. Geringere Abweichungen sind häufiger, der Kurvenverlauf wird schmaler und steigt an. Am Gipfelpunkt der Kurve einschließlich der darunter liegenden Säule finden sich die Vögel, deren Merkmalskombination am vollständigsten unserer Artbeschreibung entspricht. Je

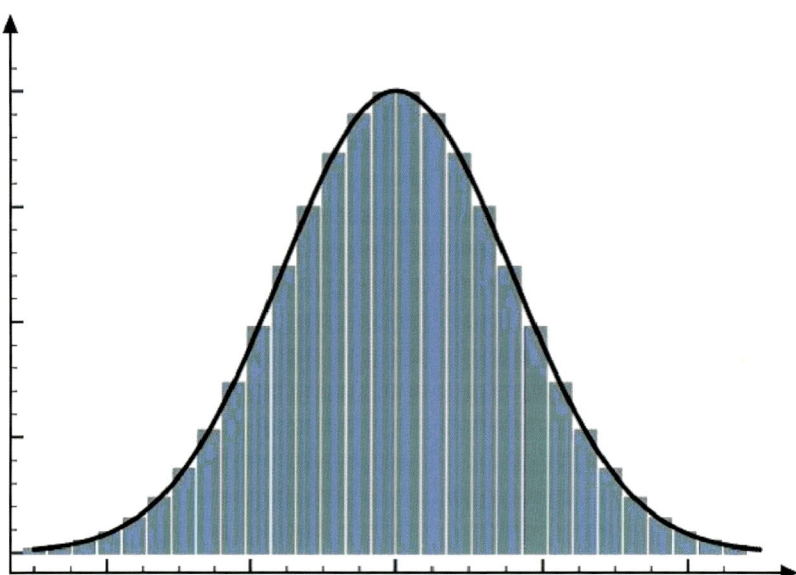

Abb. 16: Muster einer Gaus'schen Verteilungskurve. In den beiden mittleren Säulen finden sich die Individuen mit der arttypischen Merkmalsverteilung. Abweichungen davon werden um soseltener, je gröber sie sind. Sie repräsentieren die genetische Variabilität einer Population.

konsequenter wir uns auf bestimmte Merkmale festlegen, um so schmaler wird die Säule, um so weniger Individuen haben wir in einer solchen Gruppe.

In einer natürlichen Vogelpopulation, die nichts von unserer Merkmalskunde und einer Gauss'schen Verteilung weiß, verpaaren sich Individuen von jedem Punkte des Gauss'schen Verteilungsfeldes mit jedem anderen nach dem Zufallsprinzip. Damit bewirken sie eine ständige Durchmischung und das eigentliche Wunder der Genetik, dass ausgerechnet die genetische Vielfalt und Variabilität die genetische Stabilität einer Art erhält und gleichzeitig ihre Anpassungsfähigkeit. Der Verzicht auf die genetischen Informationen von den Individuen links und rechts der Mitte führt unweigerlich zu einer genetischen Verarmung der Population. Diesen Preis zahlt jede Auslese als Folge der Bewertung und die sich daraus ergebende Zucht!

Wer es nun ganz besonders eilig haben sollte mit der Erzeugung neuer Erscheinungsformen einer Art, der könnte auf den Gedanken kommen, Individuen vom äußeren basisnahen Rand des Gauss'schen Verteilungsfeldes miteinander zu verpaaren, um diese Abweichung genetisch festzumachen. Da wird er allerdings Pech haben! Es handelt sich bei den in der Gauss'schen Verteilung erfassten Eigenschaften um die natürliche Variabilität der Individuen einer Art, nicht um Mutationen! Die Nachkommen von Individuen von jedem beliebigen Punkt des Verteilungsfeldes können an jedem beliebigen Punkt erscheinen, jedes Individuum von jedem Punkt des Verteilungsfeldes repräsentiert die Art vollständig und uneingeschränkt.

Dieser Wahrheit hält die Vogelzucht sogenannte „Musterbeschreibungen" entgegen, mit denen in den Zuchtstandards die natürlichen Ausgangsformen der Rassenzucht beschrieben werden. Nach ihnen werden die Wildformen bewertet, sie sind somit das erste Instrument der **unnatürlichen** Auslese!

Und wenn dann im Ergebnis einer über viele Generationen betriebenen Willkürverpaarung der Vögel endlich die ersten erkennbaren Veränderungen äußerlicher Merkmale, meist der Farbe oder Farbverteilung, auftreten, also eine Mutation begrüßt werden kann, dann tritt das ganze fragwürdige Methodeninventar der „Mutationszucht" in Aktion. Inzest- und Inzucht und andere Formen verwandtschaftsnaher Verpaarung, Ammenzuchten, damit der Vogel, der mutationsverdächtige Eier legt, keine Zeit mit Brut und Jungenaufzucht verliert, sowie Handaufzuchten lebensschwacher Individuen sind an der Tagesordnung. Und irgendwann hat man dann eine neue Gefiederfarbe so im Genom des Vogels verankert, dass sie reproduzierbar ist und kann sich Schöpfer einer neuen „Mutation" nennen. Unzählige solcher bedauernswerten Geschöpfe, die unter dem geliehenen Namen ihrer Ururahnen dahinvegetieren und den einzigen Sinn des Lebens eines Tieres, seine Art zu erhalten, der Eitelkeit ihrer Besitzer geopfert haben, füllen die Zuchtanlagen der Züchter, die Bewertungsschauen und die Börsen. Sie heißen alle „Mutationen", obwohl die Mutation, die ihr Schicksal wurde, schon Generationen, oftmals viele Generationen zurückliegt.

Das ist kein Zufall, kein schlampiger Umgang mit Begriffen, sondern das ist eine Lüge, die dem Vorgang einen schicksalhaften Anstrich geben soll (Mutationen folgen einem Naturgesetz, dafür kann niemand etwas) , der in Wirklichkeit eine bewusste, absichtliche menschliche „Leistung" ist und als solche auch von Menschen zu verantworten ist. Stellen wir doch einmal Mutation als naturwissenschaftlich definierten Vorgang und die Zucht eines „Mutationsvogels" einander

gegenüber: Im Brockhaus wird Mutation definiert als „...*plötzlich auftretende Veränderung in der Erbsubstanz ...*", die sich in Veränderungen von sichtbaren Merkmalen des Individuums niederschlagen kann, aber nicht muß!. (Es werden hier und im weiteren Text nur Mutationen von Keimzellen besprochen, da nur diese für das zur Diskussion stehende Problem von Bedeutung sind.) In einer anderen Quelle (4) finden wir den Zusatz „...*Spontane Mutationen sind zufällig und ungerichtet...*" Beide Quellen nehmen zur Häufigkeit spontaner Mutationen Stellung. Nach dem Brockhaus kommen spontane Mutationen mit einer Häufigkeit / Wahrscheinlichkeit von 1 : 1 000 bis 1 : 100 000 vor, nach M. Aubele (4) sogar nur 1 : 100 000 bis 1 : 1 000 000 000 mal pro Gen und Zellgeneration , wobei darauf verwiesen wird, dass wir sehr wahrscheinlich nur einen Bruchteil der tatsächlich ablaufenden Mutationen wahrnehmen.

In der Vogelzucht sind Mutationen mit Sicherheit häufiger als sie nach diesen Zahlen zu erwarten wären. Die nächstliegende Erklärung dafür dürfte sein, dass es sich in vielen Fällen eben nicht um spontane Mutationen handelt, sondern um induzierte Mutationen, das heißt durch mutagene Einflüsse unwillkürlich oder auch absichtlich provozierte oder begünstigte Vorgänge.

Der Evolutionsbiologe Ernst Mayr (25) schließlich lässt uns wissen: „...*zwar entstehen alle neuen Gene durch Mutationen, aber....die Häufigkeit eines Gens in einer Population wird auf lange Sicht von der natürlichen Selektion ..... bestimmt, nicht aber durch die Mutationshäufigkeit.*

Das heißt nicht mehr und nicht weniger, als dass die Mutationen ein völlig wertfreier und wirkungsloser Vorgang wären, wenn sie nicht der Selektion unterzogen würden, die sie nach ihrer Tauglichkeit als Überlebensvorteil in der

Natur oder als Zuchtobjekt in menschlicher Obhut ordnet. Die Selektion allein trifft die Entscheidung darüber, ob eine Mutation in der Population überlebt, in das Bild der Art eingeht oder nicht. Für das Ergebnis aber muß in der Praxis und im Sprachgebrauch der Vogelzüchter die unschuldige Mutation als Namensgeber herhalten. Die Auslese als menschliche Leistung, die sich ja nicht nur auf das Zufallsprodukt erstreckt, sondern auch die Paarzusammenstellung für die nächste Generation festlegt bis hin zur Definition von Zuchtlinien, bleibt namenlos, bleibt außen vor. Ahnt hier etwa jemand, dass es da auch etwas zu verantworten gibt, das nicht in jedem Falle leicht zu verantworten ist?

In der Praxis läuft es doch so: (Ich beziehe mich auf Dutzende von Zuchtberichten in den Vogelzüchterzeitschriften der letzten 20 Jahre und verallgemeinere sie zu einem nicht realen Fall). Ein Züchter, der irgend eine Art grüner Papageien hält, findet eines Tages im Brutkasten einen Jungvogel mit gelben Gefiederanteilen.

(Die Entstehung von Gelb in der Gefiederfarbe von ursprünglich grünen Vögeln ist eine der häufigsten Mutationen in der Vogelzucht. Das mag etwas damit zu tun haben, dass Grün eine Mischfarbe aus Blau und Gelb ist, die einfach zerfällt, wenn die genetische Information defektiv wird. Dagegen ist die Entstehung völlig neuer Farben durch Mutation praktisch unmöglich. Die Wellensittichzucht sehnt sich seit ewigen Zeiten nach dem roten Wellensittich, er wird aus dem Wildwellensittich und seinen Zuchtformen nicht zu erzüchten sein. Der gelbe Kanarienvogel ist aus dem mit wenig Gelb versehenen Kanarengirlitz durch Auslese erzüchtet worden, der rote aber ist ausschließlich durch Einkreuzung des Kapuzenzeisigs entstanden – und insofern eigentlich ein Mischlingsprodukt.)

Die Freude über den ersten gelben Vogel ist groß aber kurzfristig, der Vogel geht ein. Das könnte durchaus mehr als ein Zufall sein, fast alle Mutationen sind „Verlust"-mutationen, die auch lebensnotwendige physiologische Abläufe betreffen können.

Bei der nächsten Brut sitzen gar zwei gelbe Jungvögel im Kasten, wieder diese „Mutation"! Das ist schon der erste Fehler! Eine Mutation tritt spontan und ungerichtet auf! Eine in zwei aufeinander folgenden Bruten des gleichen Paares an einem und dann zwei Nachkommen auftretende gleichartige sichtbare Veränderung ist weder spontan noch ungerichtet. Sie kann nicht eine Mutation in diesem Fortpflanzungsvorgang sein, sondern muß ihre Ursache in bereits veränderten Genen der Elterntiere haben. Es ist ja bekannt, dass Genmutationen durchaus nicht immer an Merkmalsveränderungen der Nachkommen sichtbar werden müssen, sondern das erst dann tun, wenn der Partner eine geeignete genetische Konstellation einbringt. Das ist hier wahrscheinlich geschehen, die Eltern sind offenbar nicht reinerbig, die Kombination ihrer Gene macht Gelb möglich, aber nicht zwingend, im Idealfalle verteilen sich die Farben der Nachkommen nach der Mendel'schen Regel.

Die beiden gelben Vögel sollen aber diesmal nun wirklich etwas bringen, und so werden sie aus dem Nest genommen und künstlich aufgezogen.

Das ist der nächste schwerwiegende Eingriff in das natürliche Fortpflanzungsgeschehen, das mit „Mutationen" einen ganz anderen als diesen hätschelnden Umgang pflegt. In der Natur haben sich Mutationen unter den gleichen Bedingungen durchzusetzen, wie ihre „normalen" Artgenossen. Da die aktuelle Art in ihrem Lebensraum aber die bestangepasste Form darstellt, stellt eine Mutation im Regelfalle eine Verschlechterung der Überlebenschancen eines Vogels dar.

(Wir haben gesehen, wie selten Mutationen tatsächlich sind, und Mutationen mit positivem Effekt machen nur einen winzigen Bruchteil davon aus. Deshalb hat Evolution Jahrmillionen gebraucht, um die Arten von heute hervorzubringen. Mit diesem Schrittmaß hat sie allerdings keine Chance gegen die am Tempo der industriellen Revolution orientierten Erwartungen heutiger Vogelzüchter.)

In dem verbreiteten volkstümlichen Denkmodell zum Schicksal einer Mutation, z. B. einer auffallenden Farbveränderung des Gefieders eines Vogels, wird davon ausgegangen, dass so ein Tier bevorzugt von Beutegreifern vertilgt und somit eliminiert wird. Das mag in vielen Fällen stimmen, zum Schicksal von Mutationen in einer Population sagt es aber allein deshalb wenig bis nichts, weil, wie wir gesehen haben, viele Mutationen ja nicht die äußerlich sichtbaren, sondern andere Merkmale betreffen können. Die sieht kein Beutegreifer, und die vertilgt auch niemand, sondern die werden beim nächsten Fortpflanzungsvorgang in den genetischen Pool der Population zurückgeführt. Hier gehen sie in der Vielfalt und Variabilität des genetischen Bestandes der Population auf, mit hoher Wahrscheinlichkeit ist schon in der nächsten Generation nichts mehr davon zu sehen, von bleibenden Änderungen am Erscheinungsbild einer Art werden wir in der zeitlichen Dimension eines Menschenlebens wohl nie etwas sehen. Das Ganze hat sogar einen positiv besetzten Namen und heißt „Heterosiseffekt"

Wenn also in unserem Beispiel die beiden Eltern der gelben Vögel jeweils mit reinerbigen Vertretern ihrer Art verpaart worden wären, hätte kein Mensch etwa davon erfahren, dass sie in ihren Genen Mutationen tragen – und vielleicht wären so entstandene Nachkommen besonders vitale Vertreter ihrer Art!

Das interessiert den Züchter nicht, er will der Erstzüchter gelber Vögel seiner Art sein.

Deshalb selektiert er sie. Das aber ist nur scheinbar dasselbe, was Ernst Mayr sagt. Die natürliche Selektion Ernst Mayr's führt so oder so nahezu immer zur Elimination der Mutation, die künstliche Selektion durch den Menschen zielt ab auf die unbedingte Erhaltung der Mutation gegen alle Naturgesetze.

Zu diesem Zwecke wird der Züchter unserer gelben Papageien die Jungtiere als nächstes mit ihren spalterbigen Eltern verpaaren (oder auch mit gleichzeitig aufgetretenen „Mutationen" anderer Züchter, was aber ein seltener Zufall sein dürfte). Die Vögel, die dann in der nächsten Generation gelb sind, haben gute Chancen, diese Eigenschaft zu vererben. Oft sind allerdings auch noch weitere Kombinationen erforderlich, um neu erzüchtete Merkmale sicher genetisch zu verankern.

Und vollends undurchschaubar wird das Ganze, wenn eine Art mehrere unterschiedliche Farbspiele ihres Gefieders ausgebildet hat und diese dann miteinander verpaart werden. Es entstehen eine Fülle von Erscheinungsformen, viele davon sind nicht reproduzierbar, weil der Erbgang gar nicht mehr nachvollzogen werden kann. Aber der Wahn kennt kein Ende; bei den Halsbandsittichen sollen schon an die 270 Farbvarianten erzüchtet und beschrieben (und für viel Geld verkauft) worden sein, etliche davon nur ein einziges Mal, und nur ein Dutzend oder etwas mehr haben sich als regelmäßig gepflegte Rassen bei Züchtern gehalten. Das sind Zuchtformen, die sich in Nichts von Hühner- oder Taubenrassen unterscheiden. Sie sind so wenig Mutationen ihrer natürlichen Art, wie der Mops eine Mutation des Wolfes ist.

Zusammenfassend muß man sagen, dass dieses Spiel mit dem Zufall, dass Vogelarten im Zuge der Fortpflanzung abweichende Gefiederfarben entwickeln können, die man züchterisch zu stabilen reproduzierbaren Zuchtformen entwickeln kann, ein zweischneidig Schwert ist, dessen zweite Schneide zu lange und zu erfolgreich vernachlässigt, verschwiegen, sehenden Auges übergangen worden ist.

Die züchterische Verwaltung von durch Mutationen entstandenen Farben und Formen von Vögeln und die Kunst, solche Formen durch bewusste Beherrschung der genetischen Vorgänge zu erzeugen, mögen ein „harmloses Spiel sein, wenn das Wohl des Einzelvogels dabei gewahrt wird. (Was wahrscheinlich, aber nicht sicher bewiesen ist.)

Die so erzeugten Vögel verlieren aber ihre genetische Zugehörigkeit zu der Art, aus der sie hervorgegangen sind und deren Namen sie noch immer tragen.

Und diese Art von Vogelzucht greift unter Duldung und teilweiser Förderung durch die traditionellen Vogelzüchtervereinigungen auf immer mehr Arten zurück und hat sich als wirksamer Faktor der Zerstörung von Arten in menschlicher Obhut etabliert. Diese zweite

Schneide des Schwerts beginnt zu wirken, wenigstens ein Drittel der in Menschenobhut gehaltenen Papageienarten und sicher ein Viertel aller Arten in Menschenobhut sind nicht mehr rein, können nicht mehr zum Bestand ihrer Art gerechnet werden.

Schuld daran sind nicht die letztendlich naturgesetzlichen Mutationen, sondern die „Ausleser" und diejenigen, die das Ergebnis mit Pokalen belohnen.

Das Ausmaß der Bedrohung der Arten in der Welt verlangt zwingend, dass jeder, der exotische oder auch heimische Wildtiere pflegt, sich der Bewahrung der Arten verpflichtet. Die Existenzberechtigung der Vogelzucht kann nicht mit der Erzeugung der weißen Gouldamadine erwirkt werden, wohl aber mit der Erhaltung des Balistars oder – hoffentlich – des Edwardfasans und unzähliger anderer Arten, die noch gar nicht wissen, was ihnen blüht.

13. Die „Schau"- oder „Standard"zucht

Die Praxis, Vögel zu bewerten, begleitet, wie wir gesehen haben, die Vogelzucht von ihren Anfängen an und wirkt bis heute als ihre treibende und zusammenhaltende Kraft. Mit dem Entstehen der großen Vogelschauen und Meisterschaften in engem Wechselspiel mit den sie tragenden Vereinen und Verbänden etablierte sie sich als spezielle Disziplin der Vogelzucht. Man fasst gemeinhin unter „Schauzucht" oder „Standardzucht" und weiteren Begriffen wie z. B. „Bewertungszucht" jene tief im traditionellen Selbstverständnis der Vogelzucht verwurzelte und vielen Vogelzüchtern zur niemals hinterfragten Normalität gewordene Praxis zusammen, Vögel nach ihrem äußeren Erscheinungsbild vergleichend zu bewerten, züchterisch zu Rassen zu verändern und letztlich das gewünschte Rassebild in sogenannten Standards festzuschreiben, die die Grundlage für die Zucht und die Bewertung bilden.

Die Wahl des jeweiligen Begriffs ist dabei keineswegs immer nur Zufall. „Schau-Zucht" verwendet man, wenn der darstellenden Aspekt in den Vordergrund gestellt werden soll (vielleicht da und dort auch in verharmlosender Absicht), „Standard-Zucht" spielt schon eher auf die Absichten der Züchter an und „Bewertungszucht" macht den Wettbewerbscharakter dieser Form von Vogelzucht deutlicher. Ich finde, dass „Standard- Zucht" das Wesen dieser Art von Vogelzucht am eindeutigsten umschreibt. Immerhin ist doch der Standard der absolute Mittelpunkt des züchterischen Strebens, fast so etwas wie die Bibel dieser Art von Vogelzucht. Und er setzt nicht nur unerbittliche Zuchtziele, sondern er ist auch offen für die Aufnahme neu entwickelter Zuchtformen, und das ist dann wie ein Ritterschlag, wenn einem Züchter so etwas gelingt.

Viele „Standard-Züchter" sind gegen diesen Begriff, und sie bedienen sich dann der Argumentation, man züchte doch keine Standards. Das ist albern! „Erhaltungszüchter" züchten auch keine Erhaltung und Qualzucht ist auch nicht Zucht um der Qual willen. Man kann sich mit etwas Gelassenheit schon einigen auf Begriffe, denen man eine allgemein annehmbare Bestimmung gibt.

Die lexikalischen Begriffsbestimmungen für „Standard" umfassen jedenfalls genau das, was da gemacht wird: *Brockhaus Enzyklopädie, Bd. 21: „Standard: ....Richtschnur, Maß, Norm,...... Normalausführung einer (Ware)./ DUDEN, Das Fremdwörterbuch: ...... „Standardisieren": (nach einem Muster) vereinheitlichen.")* Und „Zucht" steht absolut zutreffend für die absichtliche Einflussnahme des Züchters auf den Fortpflanzungsvorgang mit dem Ziel, in der nachfolgenden Generation bestimmte Merkmale zu „erzeugen" oder zu verhindern. Die Entwicklung von Rassen aus Vögeln, die als Wildformen in den Besitz des Menschen kamen, hat in Europa eine über 400-jährige Geschichte. Wir wissen allerdings, dass es schon zum Zeitpunkt der Einfuhr des Halsbandsittichs durch Alexander den Großen um 330 v. Chr. und jedenfalls bald danach farblich veränderte Exemplare gegeben haben soll, und auch der Reisfink soll schon vor seiner Ersteinfuhr nach Europa in Indonesien in Farbvarianten gehalten worden sein. Es gibt aber keine Belege für gezielte Zucht solcher Vögel in damaliger Zeit. (Und natürlich keine überlieferten „Standards)

Für Europa war wohl, wie bereits dargestellt, der Kanarienvogel der Flaggvogel der „Vogelzucht" im engeren Sinne. Eine „vergleichende" Bewertung gab es zunächst nur für die Männchen im Hinblick auf ihren Gesang mit erheblichen Auswirkungen auf ihren Handelswert, der in den spanischen Klöstern alsbald zu einer starken Triebfeder der Zucht wurde und frühzeitig das kommerzielle Gebaren hervorbrachte, das der Vogelzucht bis heute nicht ganz verloren gegangen ist.

Mit Zunahme der Anzahl farblich und körperbaulich veränderter Vögel wurde dann die gesonderte Bezeichnung jeder neuen Form erforderlich, die ihrerseits eine Beschreibung der Merkmale erforderte, die die jeweilige Form gegen alle anderen abgrenzte. So entstanden Rassenbeschreibungen, aus denen alsbald „Standards" wurden, als der Zuchtwettbewerb öffentliche Dimensionen annahm. Sie mögen über die Jahrhunderte viele Namen getragen haben, folgten aber immer diesem Prinzip.

Wesentlich rascher und auf einen Zeitraum von kaum einem Jahrhundert komprimiert vollzog sich dieser Vorgang für den Wellensittich, der exemplarisch für viele andere Arten steht und deshalb etwas ausführlicher betrachtet werden soll.

Dieser etwa um 1840 erstmals (47) und später bis in die 60er Jahre des 20. Jahrhunderts in unvorstellbaren Mengen von wahrscheinlich mehreren Millionen Exemplaren nach Europa importierte Vogel hatte 1864 die ersten reproduzierbaren farblichen Gefiederveränderungen gezeigt und binnen 50 Jahren eine Vielzahl von Zuchtformen hervorgebracht. Bis zur Jahrtausendwende sollen angeblich bis zu 400 Farbvarianten des Wellensittichs erzüchtet worden sein, längst nicht alle schafften es allerdings in die Standards und damit ins anhaltende Interesse der Züchter.

1926 hatte sich innerhalb der AZ der „Deutsche Wellensittichzüchter Verein" gebildet, der unter der Führung von *W. Schinke* die großen Wellensittichschauen und den ersten geschriebenen Deutschen Wellensittichstandard herausbrachte.

Inzwischen gibt es für eine große und ständig wachsende Anzahl von Vogelarten, die von Menschen gepflegt werden, Zuchtformen in geradezu unvorstellbarer Zahl. Vom Zebrafinken kennen wir – oder besser der Standard und einige wenige „Spezialisten" – knapp 100 Zuchtformen, beim Halsbandsittich wurden schon einmal 270 Formen beschrieben (was aber selbst von den Insidern schließlich als albern empfunden und korrigiert wurde). Wie viele es bei Rosenköpfchen, Gouldamadine, den Grassittichen oder den Cardueliden sind, ist nicht exakt zu sagen, weil ständig neue Formen „gemacht" werden, die in die Standards Eingang finden und andere verdrängen oder auch nicht. Und dann sind da noch die Mischlinge, Produkte aus der künstlich herbeigeführten Kreuzung von Individuen verschiedener Arten, für die es zwar keinen Standard gibt, weil es ja gerade um die Erzeugung des Unvorhersehbaren geht, die aber das züchterische Bestreben nach einmaligen Zuchtzielen besonders unverblümt belegen.

Die Mischlingszucht wird heute in Deutschland nur noch vom Deutschen Kanarienzüchterbund öffentlich vertreten und mit Ausstellungen und Preisverleihungen gewürdigt. Dabei ist der Inhalt des Begriffs eingeengt auf Mischlinge aus einheimischen Finkenvögeln und Kanarien.

Die Züchter haben für sich selber die Regel aufgestellt, dass nur solche Kreuzungen vorgenommen werden sollen, bei denen infertile Nachkommen entstehen, womit der Vorhalt einer genetischen Bedrohung der einheimischen Vogelarten unwirksam gemacht werden soll. Den eigentlichen Wert der Hybridzucht stellen nur die Männchen dar, die sehr hübsche und gelegentlich einmalige Gefiederfarben oder auch interessante Gesangsformen ausbilden. Damit sind sie Gegenstand des Wettbewerbs bei den großen Schauen. Die Weibchen haben weder mit ihrem Aussehen, noch mit ihrem Gesang noch mit einer Fortpflanzungsleistung irgendeinen Wert. Über ihr Schicksal ist nichts Sicheres bekannt. Ein Mischlingszüchter, der zehn Jahre lang Mischlinge züchtet, müsste normalerweise zehn Generationen „sinnloser" Mischlingsweibchen in seiner Anlage zu fliegen haben, so etwas ist noch nie berichtet worden. Da nimmt es nicht Wunder, dass der Klatsch nicht erlöschen will, wonach man sie einfach entsorgt, wobei die „"humanste" Form der Entsorgung die „Freilassung" ist.

Wie dem auch sei, ein Ruhmesblatt der Vogelzucht ist die Mischlingszucht wohl eher nicht, und eine besonders respektvolle Pflege der Würde eines Vogels in seiner artlichen und geschlechtlichen Identität sowieso nicht.

Heute hat die „Standardzucht" und das, was ihr vorausgeht und fälschlich „Mutationszucht" genannt wird, erreicht, dass jährlich Millionen von Vögeln erzeugt werden, damit einige wenige von ihnen ihrem Züchter Ruhm und Ehre, seltener auch materiellen Gewinn bringen, während die übergroße Mehrheit von ihnen auf einem überfüllten Markt verhökert und verramscht werden. Die Sucht nach der Präsentation von Zuchtergebnissen, mit denen Menschen Siegertrophäen gewinnen können, führt einerseits zu immer extremeren Zuchtformen und Wettbewerbsausschreibungen und andererseits dazu, dass immer mehr Arten in den Strudel der Rassenzucht hineingerissen werden. Der erhebliche Bestand an Tieren wertvoller, weil seltener und bedrohter Arten in menschlicher Obhut droht wertlos für die Natur zu werden (aus der er einst entnommen wurde), weil er mit Zuchtformen unterwandert und vermischt wird, für Dutzende Arten ist es schon zu spät. Die wunderschöne Gouldamadine z. B., von der in Menschenobhut ein Viel

faches der Naturpopulation lebt, oder der Ziegensittich, der in einigen seiner ursprünglichen Unterarten ausgestorben ist, als Art in einigen Restpopulationen oder künstlichen Wiederansiedlungen lebt, in Europa aber in Zehntausenden von Exemplaren als Zuchtform herumsitzt, vermögen ihre natürliche Art nicht mehr zu repräsentieren

Was treibt Menschen an, sich solch einer Bewegung anzuschließen und sie zu befördern? Welcher (höhere?) Sinn liegt in dieser Vogelzucht? Welche Wirkungen hat sie – für den Vogel und für den (die) Menschen ?

Antworten auf diese und viele weitere Fragen sind nur zu finden, wenn man der Tatsache

Abb. 17: Gouldamadine – orangeköpfig (*Erythrura gouldiae*) , ein Kunstwerk der Evolution.

Foto: K.-D. Dittmann

Rechnung trägt, dass sich diese „Vogelzucht im engeren Sinne" nur entwickeln und zu ihrer Blüte gelangen konnte im Wechselspiel mit der Entwicklung des Ausstellungswesens, das alsbald zu „Meisterschaften" wurde. Und dazu bedurfte es eines Organisationsprinzips, das sich in den Vogelzüchtervereinen (Vereinigungen, Verbänden oder wie auch immer) verwirklichte.

In Deutschland steht die Vogelzüchterorganisation AZ (Gründungsname „Austauschzentrale", aktueller Titel „Vereinigung für Artenschutz, Vogelhaltung und Vogelzucht e.V."), gegründet 1920 und noch heute größte deutsche Vogelzüchtervereinigung beispielhaft für die Entwicklung der Vogelzucht. Der erst nach dem 2. Weltkrieg gegründete DKB („Deutscher Kanarien- und Vogelzüchterbund e.V.") ist mit Spezialisierung auf die Kanarienzucht prinzipiell gleichen Zielen verpflichtet. Eine ganze Reihe weiterer kleinerer Organisationen hat auf die

anerkannten Inhalte der Vogelzucht und auf ihr öffentliches Bild kaum Einfluß.

Für die Entwicklung der Schauzucht, also der Vogelzucht zum Zwecke von Ausstellungen und Bewertungen fällt dem Wellensittich eine in jeder Hinsicht „beispielhafte" Rolle zu. Nach *Th. Vins (47)* kamen 1952 in die sehr bescheidenen Vogelbestände der gerade wieder ins Leben gerufenen Wellensittichzüchtergemeinde erstmals einige Vögel aus England, die im Ergebnis dortiger Züchtervorstellungen deutlich größer waren, als die „traditionellen" Vögel hierzulande. Damit war, was damals keiner absehen konnte, das Samenkorn für die Standardwellensittichzucht in Deutschland, so, wie sie bis heute aussieht, gelegt. Fortan war der Erzeugung „schöner" Vögel ein körperlicher Faktor zur Seite gestellt, ohne den es bald nicht mehr ging. Es begann, zunächst zögerlich, von Mitte der 70er bis Mitte der 90er Jahre dann aber exponentiell eine massenhafte Zucht von

Abb. 18: Gouldamadinen-Zuchtformen. Namentlich der linke weißbrüstige Vogel zeigt, welchen ästhetischen Verlust die Rassenzucht als „Leistung" kultiviert.　　　　　　　　　　　　　　　　　　　Foto: F. Robiller

immer größer werdenden Riesenwellensittichen, und ausschließlich Vögel mit überdimensionierten Körpermaßen hatten eine Chance, bei einer Bewertung vorn zu liegen. *Th. Vins (47)* forderte noch 1993 für den idealen Schau-Wellensittich eine Körperlänge von 245 mm! Der Wild-Wellensittich wird mit 180 mm angegeben, das bedeutet also, dass ein Schauvogel um 30 % größer ist als seine Ausgangsform. Vom Körpergewicht redet gar keiner, es bringt nach dem Standard keine Punkte, ist dem Standard und den Zuchtrichtern oder Preisrichtern, die den Standard auslegen und anwenden, sozusagen egal. Aber es beträgt beim „normalen" Wellensittich 26 bis 29 Gramm, bei den „Spitzentieren" der Schauwellensittichzucht aber 60 bis 80 Gramm! Das ist mehr als eine Verdoppelung des Gewichts, für das die organischen Voraussetzungen hinsichtlich Statik und Fortbewegung, namentlich das Fliegen, nicht gegeben sind. Folgerichtig sind diese „Spitzentiere" oftmals nur bedingt flugfähig, in nicht wenigen Fällen vollständig flugunfähig, selbst das Hüpfen von einer Stange im Ausstellungskäfig auf eine andere fällt ihnen schwer, und wenn sie herunterfallen, kommen sie nicht wieder hoch auf die Stange. Die eigentliche, von der Evolution entwickelte Funktion des Gefieders dieser Vögel, normalerweise eine Angelegenheit von Leben oder Tod, ist nicht Gegenstand züchterischen Interesses, und so sitzen die Vögel aufgeplustert in einem funktionslosen Federkleid herum, das namentlich auf dem Kopf zu einer Perücke verunstaltet ist, die tief über die Augen hängt und das Blickfeld der Vögel massiv einengt. Auch die Feder selbst ist - wohl als Verlustmerkmal bei den unglaublich engen Zuchtlinien mit regelmäßiger Inzest- und Inzucht – in ihrer organischen Struktur und damit ihrer unabdingbaren Funktion für das Vogelleben deutlich verändert. Man weiß heute viel über die Vererbung unterschiedlicher Federstrukturen in Verbindung mit Erbgängen für verschiedene Farben, aber man verweigert sich jeder Einsicht, dass man damit über Lebensinteressen des gezüchteten Vogels entscheidet.

Eine extreme Abweichung der Gefiederbildung vom Normalen mit endlosem Federwachstum, der sogenannte „Featherduster", zweifellos eine „Qualzucht", ist zur Zeit unter den Züchtern noch verpönt, aber außerhalb Deutschlands „probieren" Züchter auch mit solchen Vögeln herum.

Namentlich das Kopfgefieder kann bei vielen „modernen" Schauwellensittichen gar nicht mehr angelegt werden und könnte keinem einzigen Regentropfen mehr widerstehen. Und das alles ist nur die Hälfte des Preises, den der Vogel Wellensittich dafür zahlt, dass die Vogelzucht ihn zum „Schauwellensittich" gemacht hat. Was man nicht auf Ausstellungen sieht, ist eher noch schlimmer:

Der Wellensittich hat eine natürliche Lebenserwartung von 25 Jahren! Kaum einer wird in der Natur dieses Alter erreichen, aber in Menschobhut gelingt es ganz vielen, 20 Jahre und älter zu werden. Schauwellensittiche dagegen erreichen höchstens 10 Jahre, viele von ihnen auch nur fünf oder sechs Jahre. Das ist das Ergebnis der hohen Inzuchtbelastung in der Schauwellensittichzucht, das zu allem Übel auch noch einhergeht mit einer sehr geringen Fruchtbarkeit. Gesunde Wellensittiche in guter Haltung sind ohne weiteres in der Lage, zwei Gelege von fünf bis sieben Eiern im Jahr zu zeitigen und ebenso viele Jungvögel aufzuziehen.

Schauwellensittiche haben oftmals einen eher geringen Fortpflanzungstrieb, die Gelege sind kleiner, die Befruchtungsrate ist schlechter und das Aufzuchtverhalten der Elterntiere ist nicht selten auch gestört, - alles Zeichen der genetischen Rezession.

Ein Züchter, der bei einer Bewertungsschau „etwas werden" will, braucht aber nach der reinen Lehre der Vogelzucht viele Jungvögel, aus denen er die besten auswählt, von denen dann vielleicht einer einen Pokal gewinnt. Also muß er viele Zuchtpaare „ansetzen", um ausreichend Nachwuchs zu haben. Die führenden Schauwellensittichzüchter haben also so zwischen 60 und 100 Paare an Alttieren, mit denen sie Zucht betreiben. Das geht aus vielen Gründen natürlich nur in Zuchtboxen, die zu Tausenden, vielleicht auch zu Zehntausenden die Stätte der Zeugung und Geburt der Schauwellensittiche sind. Und man behauptet wahrscheinlich nicht zu viel, wenn man einen Teil von ihnen auch für ihre ganze Lebenszeit dort vermutet.

Diese Entwicklung und der heute erreichte Stand der Schauwellensittichzucht sind nicht die Leistung irgendwelcher Sonderlinge, sondern getragen von einer breiten Schicht innerhalb der Vogelzüchterschaft. Das beweisen die Ausstellungen, namentlich die seit 1952 jährlich stattfindenden Bundesschauen der großen Verbände. *Th. Vins* berichtet in seinem „ Wellensittichbuch" (47) sehr detailliert, wie sich das bei der AZ-Bundesschau entwickelte. Nachdem in den Anfangsjahren dieser Traditionsveranstaltung nur wenige Dutzend oder wenige Hundert Wellensittiche zur Bewertung gelangten, überschritt die Zahl der ausgestellten Tiere im Jahre 1970 erstmals die 1.000 und nahm von da an mit geringen Schwankungen stetig zu bis zu einem Rekordergebnis von 9.902 Vögeln im Jahre 1990. Eine solche Anzahl von Vögeln ist nur denkbar unter der Voraussetzung, dass sich eine angemessen große Anzahl von Züchtern mit ihren Tieren einbringt. Ohne alte Akten zu bemühen mag eine Schätzung erlaubt sein: 500 oder mehr Teilnehmer waren es sicher. Und dahinter steht wahrscheinlich die zehnfache Anzahl an Züchtern, die aus irgendwelchen Gründen an so

einer Veranstaltung nicht teilnahmen, und so ist es wohl erlaubt zu unterstellen, dass da schon ein bedeutendes Stück von der Rolle der Standardzucht und ihrer Verbreitung unter den Vogelzüchtern zum Ausdruck kam.

Allerdings war dann auch Schluß mit dem unaufhaltsam scheinenden Aufstieg der Schauwellensittichzucht. Nach einigen Schwankungen der Teilnehmerzahl an der AZBundesschau fiel sie schließlich Ende der 90er Jahre und in den ersten 2000ern auf wenig über 5 000. Für die Hardliner der Schauwellensittichzucht liegen die Ursachen für diese Entwicklung in erster Linie im zunehmenden Lebensalter der Züchter und dem fehlenden Nachwuchs und in den erschwerten Bedingungen infolge der Tierschutzbestimmungen. Dabei hat sich der Tierschutz in den letzten 15 Jahren um den Schauwellensittich gar nicht gekümmert. Und es gibt gewichtigere Gründe, die von prinzipieller Bedeutung sind, weil sie die ganze Zucht dieser Vogelrasse in Frage stellen und wahrscheinlich gerade deshalb verdrängt werden.

Die Schauwellensittichzucht ist unbeschadet unterschiedlicher gesellschaftlicher Bedingungen in fast allen Ländern der Welt, wo sie etabliert ist, im Rückwärtsgang. Der Vogel bietet keine Entwicklungsmöglichkeiten mehr, er ist genetisch ausgereizt, seine genetische Variabilität als Voraussetzung für Entwicklungen in der Zucht ist aufgehoben im Ergebnis jahrzehntelanger engster Verwandschaftszuchten, alle Vermischungen der vielen erzüchteten Farbschläge sind ausprobiert. Man kann diesen Vogel nur noch quantitativ verändern, das heißt, noch größer, noch molliger, noch kaputter machen. Das würde manchen vielleicht nicht hindern, aber dagegen steht, dass man dazu die mit den entsprechenden genetischen Voraussetzungen ausgestatteten Tiere braucht. Die aber sind im Besitze einer kleinen Elite, die sich aus der breiten Masse der Züchter abgehoben hat und die Schauwellensittichzucht voll im Griff hat.

Das kam so: Am Anfang standen das grundsätzliche Interesse an der Zucht, die Fähigkeiten einschließlich der Bereitschaft zur rücksichtslosen Konsequenz im Interesse des gesteckten Zuchtzieles, ausreichende materielle Voraussetzungen und wohl auch ein wenig Glück von einigen wenigen Züchtern. In deren Besitz entstand eine Population von „Spitzenvögeln", die jeden großen Wettbewerb gewannen. Eine winzige Gruppe von Züchtern, zeitweise ein einziger, hat über fast zwei Jahrzehnte bei nahezu jeder Veranstaltung die Spitzenpreise „ abgeräumt". Das wurde abgesichert, indem der Standard in die selbe Richtung mitgenommen wurde, in die sich die Zucht entwickelte, ich erinnere an die 245 mm Körperlänge, die gefordert wurden, und die „Zuchtrichter" machten nicht nur mit, sondern erwiesen sich als starke Förderer dieser Entwicklung.

Wer also tatsächlich den Traum hatte, einmal Schauwellensittiche zu besitzen, die diesen Elitevögeln Konkurrenz machen könnten, der musste einsehen, dass ihm das angesichts des „Vorsprungs", den die Elitezüchter hatten, wohl kaum je gelingen würde, es sei denn, er konnte Tiere aus jenen Zuchten erwerben. Das aber regelte sich über den Preis, der für „Siegervögel" immer etwas höher ist, als sonst, hier aber in Regionen vorstieß, die für die Mehrzahl der Züchter nicht erreichbar oder nicht vertretbar waren. Da waren Preise von hoher dreistelliger bis zu vierstelliger Größenordnung nicht selten und die Richtung, in die die Nachzuchten flossen, recht gut steuerbar.

So wurde über zwei oder drei Jahrzehnte die Elite durch den Standard und seine Verwalter, die Zuchtrichter einerseits und den Markt andererseits so gestützt und abgeschirmt, dass eine Mehrklassegesellschaft der Schauwellensittichzüchter entstand. Und die „Spieler" der

unteren Klassen verlieren irgend wann den Mut und die Freude, wenn sie sich mit ihrer Chancenlosigkeit konfrontiert sehen, jemals „oben" anzukommen.

Die Veranstalter der großen Schauen tragen dem seit Langem Rechnung, indem sie eine große Anzahl sogenannter Schauklassen eingeführt haben, in denen Vögel nach bestimmten Merkmalen, z. B. Farbschlägen zusammengestellt werden und im internen Gruppenwettstreit „Sieger" ermitteln. Zudem werden die Aussteller verschiedenen „Ligen" zugeteilt, in die man dann aufsteigen oder absteigen kann wie im Sport. Auf diese Weise wird es möglich, vielen Ausstellern einen der so begehrten Preise, möglichst einen Pokal, zukommen zu lassen, damit sich für ihn der Sinn des Ganzen erfüllt und er im nächsten Jahre wieder kommt. Zur Elite wird er es nie bringen, und zu seiner Ehre will ich sagen, dass er das in vielen Fällen auch gar nicht mehr will, weil auch vielen Schauwellensittichzüchtern diese zur Mastente missratenen Elite-Schauwellensittiche eher Angst einjagen, als Freude machen.

Selbst der blutigste Laie, der zum ersten Male in seinem Leben durch die Reihen mit 5 000 Schauwellensittichen auf einer Bundesschau geht und hernach die „Sieger"-Präsentation sieht, weiß sofort, dass vielleicht 95 % der ausgestellten Vögel eigentlich nur Staffage sind, zahlende Gäste einer Nabelschau einer Elite, deren Verdienst darin besteht, aus dem die Wüsten Australiens im non stopp Flug überfliegenden Wellensittich einen übergewichtigen, lebensmüden, flugunfähigen, potenzgestörten und sehbehinderten „Vogel" gemacht zu haben.

Wer das am besten konnte, bekommt den Pokal!

Und wenn die Schau vorbei ist, werden die Siegervögel in den Fachzeitschriften präsentiert. Seit vielen Jahren sieht man da keine einzige „Ganzkörper"-Aufnahme eines Schauwellensittichs mehr, sondern ausschließlich Brustbilder in frontaler Draufsicht.

So kommt die breite Brust als Ausdruck der Massigkeit des Vogels nach dem Willen seines Züchters am besten zum Ausdruck, das Gefieder sitzt locker und aufgeplustert, völlig unharmonisch in der Farbverteilung, die schmückenden Wangen- und Bartflecken sind fast oder ganz verschwunden. Der Kopf wirkt infolge eines überproportionierten Nacken- und Halsgefieder wie „eingezogen", ein übervolles Kopfgefieder macht den Kopf so groß wie möglich, der Schnabel ist, tief eingetaucht ins Brustgefieder, gerade noch auszumachen, Augen sieht man nicht, und der Vogel sieht also den Fotografen auch nicht! Dabei ist es doch wohl so, dass man Bilder von Siegern in Schönheitswettbewerben veröffentlicht, um die Entscheidung der Jury für den Betrachter nachvollziehbar zu machen.

Abb. 19: Typischer Schauwellensittich von heute. Man beachte die völlig naturwidrige Kopfbefiederung.
Foto: N. Kirstein

Das heißt, dass mit diesen Bildern die wesentlichen Eigenschaften des bewerteten Objekts hinterlegt sind, die den Zuchtrichter veranlassten, es zum Sieger zu erklären. Daß ein Vogel auch einen Schwanz hat und Flügel und viele sonstige Eigenschaften eines Vogels, das ist gegenstandslos geworden. Allein zwei Eigenschaften, die ein Vogel normalerweise nicht hat, Massigkeit und ein zum Ballon gestalteter Kopf bestimmen den Zuchtwert des Vogels. Das ist weder „Geschmacksache" noch „Übertypisierung", wie das in den Züchterverbänden verharmlosend genannt wird, sondern das ist ein prinzipieller Irrweg der Vogelzucht, ein Vergehen an dem angeblich so geliebten Freund Vogel.

Dagegen gilt, dass jedes Tier, das der Mensch in seine Obhut nimmt, einen Anspruch darauf hat, in seinen Eigenschaften als Art und in seiner Wesenhaftigkeit als Individuum respektiert zu werden. Schwerwiegende Verstöße gegen dieses Prinzip sind rechtlich mit Strafe und Zwang zur Unterlassung bedroht, innerhalb der Grenzen, die das Recht setzt, ist das Tier aber „nur" moralisch geschützt. Und die Züchter, nicht nur Vogelzüchter, sondern auch solche, die Fische oder Katzen oder vieles mehr zu ihren „Lieblingen" erklärt haben, tun sich schwer mit dem Erkennen und Respektieren von Grenzen ihres Handelns. Und so ist es im Verlaufe einiger Dutzend Generationen der Schauwellensittichzucht dahin gekommen, dass in vielen kleinen Schritten, denen man möglicher Weise im Einzelfalle gar nicht ansehen konnte, wohin sie führen würden, der Verlust unabdingbarer Eigenschaften eines Vogels und deren Ersatz durch Eigenschaften, die ihn am Vollzug seines arttypischen Verhaltens hindern, angezüchtet wurden. Damit ist eine Dominanz von Menscheninteressen (ganz privaten, gesellschaftlich wertlosen!) gegenüber dem zum Objekt degradierten Vogel praktiziert worden, zu der ein moralischer Konsens nicht möglich ist. Die tierhaltungs- und tierzuchtfeindlichen geistigen Strömungen unserer Zeit, die von den Vogelzüchtern als Gefahr und als lästig empfunden werden, (was sie allzu oft auch sind, weil sie natürlich sehr persönlichen Interpretationen unterworfen werden) nahmen ihren Anfang in den 70er und 80er Jahren des vorigen Jahrhunderts unter anderem mit der Forderung, Tiere aus der Rolle eines Objekts zur Befriedigung menschlicher Interessen zu befreien (42). Die Frage ist einfach nicht zu verdrängen, ob nicht so ein Schauwellensittich der Spitzenklasse ein ebensolches Objekt zur Befriedigung menschlicher Eitelkeiten ist. Und eigentlich ist es gar keine Frage, sondern eine Tatsache! Eine so orientierte Vogelzucht stellt sich mehr oder weniger freiwillig in die Schusslinie öffentlicher oder auch wissenschaftlich begründeter Kritik, - und sie hat es dann auch nicht besser verdient. Aber es gibt auch gute Nachricht!

Die ganze interessierte Vogelzüchterschaft war über die Maßen überrascht, als im Jahre 2011 plötzlich durch die COM (**C**onfederation **O**rnithologique **M**ondial – eine weltweit agierende Vereinigung von Vogelzüchterverbänden mit dem wesentlichen Inhalt „Standardzucht") der „Farbenwellensittich" als Ausstellungs- und Bewertungsvogel verkündet und neben den Schauwellensittich gestellt wurde. Das ist die Rehabilitierung des in unzählige Farbkombinationen aufgespaltenen und vermischten „Alltagswellensittichs", der in seinen Körpermaßen, Lebensäußerungen und Bedürfnissen gleichwohl ein richtiger Wellensittich bleiben durfte. Es gab auch sogleich einen entsprechenden Standard, was darauf hin deutet, dass es vielleicht keine so ganz plötzliche Entscheidung war, wie es scheinen konnte. Wellensittichzüchter, die von jeher die Vernachlässigung der Vielfalt der Farbschläge und ihrer züchterischen Perfektionierung zugunsten der beschriebenen

typischen Schauwellensitticheigenschaften bedauert hatten, begrüßten freudig diesen Schritt, aber sie waren zunächst deutlich in der Unterzahl. Die eingefleischten Schauwellensittichzüchter lehnten unter Protest dankend ab, der Wellensittich hat Schauwellensittich zu sein! – wenigstens soweit er sich der Bewertung stellt. Aber eigentlich gab es für diese kontroverse Auseinandersetzung gar keinen Grund. Die Entscheidung der COM war wohl eher nicht aus Einsicht in die Notwendigkeit der Abwendung weiterer züchterischer Auswüchse der Schauwellensittichzucht erwachsen, sondern als Maßnahme gegen die sinkenden Ausstellerzahlen auf der COM-Weltschau gedacht. Ob sie dahingehend einen durchschlagenden Erfolg haben wird, ist noch nicht abzusehen, aber der Nebeneffekt, der darin besteht, dass ein Wellensittich wieder ein Vogel sein darf, ist sehr zu begrüßen.

Der außerhalb der COM und unabhängig von dieser existierende Weltverband der Wellensittichzüchter WBO (World Budgerigar Organisation), der sich auch nur dem Schauwellensittich verpflichtet fühlt, hatte schon seit etlichen Jahren Versuche erkennen lassen, der Ausuferung körperlicher Merkmale bei der Schauwellensittichzucht entgegenzuwirken (mit zweifelhaftem Erfolg, wie ich glaube, aber immerhin mit dem Anspruch, zu einer kritischen Sicht der Dinge bereit und befähigt zu sein), tat sich aber zunächst auch schwer mit der Anerkennung des Farbenwellensittichs als Bewertungsvogel. Anfang des Jahres 2015 ist dann aber ein Entwurf eines Farbenwellensittichstandards der WBO in Umlauf gekommen, der inzwischen anerkannt sein dürfte.

Was aus der Sache werden wird, insbesondere, ob der Farbenwellensittich tatsächlich der tierquälerischen extremen Schauwellensittichzucht ein Ende setzen kann, soll nicht Gegenstand dieser Betrachtung sein. Wahrscheinlicher ist jedenfalls, dass beide Zuchtformen nebeneinander existieren werden, damit möglichst viele Vögel zu den Ausstellungen gelangen. Und nicht ganz von der Hand zu weisen ist auch die Befürchtung, dass gemäß der traditionellen Schau- und Bewertungspraxis der Vogelzucht der Farbenwellensittich von heute in 20 Jahren auch die Körpermaße des Schauwellensittichs haben wird. Dann bliebe das Ganze eine von vielen Episoden der Vogelzucht ohne wirklichen Einfluß auf ihren main stream.

Dann wäre es also doch nicht so „grundsätzlich", was da gemacht wird und eine moralische Entlastung der Schauwellensittichzucht jedenfalls nicht.

Immerhin fällt auf, dass in den Standards sowohl der COM als auch der WBO für den Bewertungsvogel eine Körperlänge von 17,5 cm (bis 18,5 bei der WBO) verlangt wird, das ist der untere Referenzwert beim Wildwellensittich! Das ist schon sehr erstaunlich! Ist es doch in der Tat so, dass praktisch alle Zuchtformen, die sich im Laufe der Domestikationsprozesses aus Wildformen entwickelten und namentlich jene, die zur Bewertung ausgestellt werden, mehr oder weniger deutlich größer sind als die Ausgangsart. Es gibt auch Ausnahmen, aber die Idee vom „kapitalen" Vertreter seiner Art oder Rasse wirkt offenbar überall, wo Zucht zu Wettbewerbszwecken betrieben wird.

Es wird also vorausgesetzt, dass es Wellensittiche der natürlichen Größe noch gibt. Und es gibt sie tatsächlich sogar noch in erheblicher Anzahl, obwohl doch die Domestikation dieser Art schon 150 Jahre im Gange ist und Hunderte von unterschiedlichen Farbschlägen hervorgebracht hat. Deshalb sei es noch einmal gesagt: Die Größenzunahme in Richtung Schauwellensittich ist nicht ein mehr oder weniger natürlicher Vorgang im Rahmen der Domestikation gewesen, sondern nur möglich im Ergebnis einer anhaltenden, auf diese

Eigenschaft gerichteten Auslese. Die Schauwellensittichzüchter bestreiten das auch gar nicht und haben es vielmehr zum Zuchtziel kultiviert, aber sie sind nun mit der Tatsache konfrontiert, dass der von ihnen stets belächelte und als „Hansi-Bubi"-Wellensittich verspottete Wellensittich der kleinen Leute die gleichen Weihen erfährt, die sie eigentlich nur für sich in Anspruch nehmen möchte.

Neben dem Wellensittich haben es auch einige andere Vogelarten im Laufe der Jahrzehnte zur irreversiblen Domestikation gebracht und zahllose vom Wildtyp der Art abweichende Formen entwickelt, die Gegenstand von Standards und Bewertungsschauen geworden sind. Nymphensittich und Ziegensittich, die australischen Grassittiche und der Bourksittich, das Rosenköpfchen und andere Agaporniden, Zebrafink, Reisamadine und Gouldamadine, Arten, die zu Zehn- oder Hunderttausenden in menschlicher Obhut gepflegt werden, stehen beispielhaft für das Bestreben der Vogelzüchter, aus dem natürlichen Geschöpf etwas „Selbstgemachtes" zu schaffen, womit bei Ausstellungen oder „Meisterschaften" ein Preis zu gewinnen ist. Diese Arten und wohl noch einige mehr sind zu einem so hohen Anteil des von Menschen gepflegten Bestandes züchterisch verändert worden, dass wahrscheinlich keine genetisch die Wildform repräsentierenden Vögel mehr vorhanden sind. Das stört natürlich diejenigen nicht, die in der züchterischen Umgestaltung der Vögel geradezu die Berufung der Vogelzucht sehen, und das traditionelle Selbstverständnis der Vogelzucht ist auf ihrer Seite.

Aber dieser Verbrauch natürlicher Vogelarten für Menschenzwecke hat natürlich vor allem deshalb so viele Jahrzehnte, im Einzelfalle (Kanarien) Jahrhunderte funktioniert, weil der Zugriff auf die schier unerschöpfliche Natur immer offen stand, die Beschaffung „frischen Blutes" eine reine Sache der Organisation war. So konnte der Eindruck vermieden, das Risiko beschönigt werden, dass der ganze Bestand an einer Art nur noch aus züchterisch umgeformten Exemplaren bestehen könnte.

Den ersten Hieb bekam dieses Denkmodell mit dem australischen Exportverbot für wild lebende Tiere aller Art im Jahre 1965. Dieses Verbot funktioniert so zuverlässig, dass seitdem wirklich kein Wildfang eines australischen Sittichs oder Prachtfinken nach Deutschland gekommen ist, wenigstens nicht in Privathand.

Die Folgen sind bekannt! Kein Mensch in Europa mit Ausnahme der wenigen, die einmal nach Australien gereist sind und dort tatsächlich das Glück hatten, wilde Wellensittiche zu sehen, weiß heute, wie dieser Vogel natürlicher Weise aussieht. Im Gegenteil, viele glauben, dass die farbliche Vielfalt dieses „Stubenvogels" seiner natürlichen Erscheinung entspricht, genau so, wie für sie ein Ziegensittich gelb oder gescheckt oder manchmal auch grün ist und ein bis zu den Schwanzspitzen roter Prachtrosella als viel schöner gilt als der mit der roten Brust, den die Natur hervorgebracht hat. Der Züchterwahn, jeden Vogel „ umzuzüchten" findet sein Äquivalent im Barbypuppengeschmack unserer Zeit, dem ein brauner Schokoladenosterhase langweilig, ein blauer oder rot-weiß gestreifter aber recht ist, ebenso recht wie ein gelb gefleckter Ziegensittich statt eines langweilig grünen. Verantwortung für die Bewahrung des Natürlichen findet im Zeitgeschmack nicht statt!. Angesichts dieses Zusammenspiels von Züchterinteressen und öffentlichem „Geschmack" muß man sich wundern, dass es heute noch bei einigen Arten australischer Sittiche in Deutschland Exemplare und sogar kleine Zuchtlinien gibt, die der natürlichen Erscheinungsform der Vögel entsprechen und auch nur diese reproduzieren. Viele sind dagegen ihren natürlichen Ausgangsarten durch die Zucht hoffnungslos entfremdet worden und wirklich zu nichts anderem mehr tauglich, denn als Stubenvögel.

Man erzählt sich, dass Ende der neunziger Jahre im Zusammenhang mit Plänen australischer Biologen, den Ziegensittich in Regionen, in denen er ausgerottet wurde, wieder anzusiedeln, deutsche Züchter das Angebot gemacht haben sollen, sich mit „Schenkungen" von Ziegensittichen an diesen Programmen zu beteiligen. Die Australier sollen dieses Angebot entrüstet zurückgewiesen haben, weil jedem verantwortungsvollen Kenner der Verhältnisse klar sein muß, dass es in Deutschland (und mit Sicherheit in ganz Europa) keinen Ziegensittich mehr gibt, für dessen „genetische Integrität" man noch garantieren könnte, auch wenn er einmal zufällig so aussieht, wie ein natürlicher Vertreter seiner Art. Alles ist durcheinander gezüchtet, eine praktizierte Verantwortung für die Herkunft der Vögel und ihre Zukunft als Art gibt es nicht!

Mit dem in den ersten Jahren unseres Jahrhunderts schrittweise in Kraft gesetzten Verbot jedweden Imports von Vogel-Wildfängen nach Europa ist auch für alle weiteren „exotischen" Vogelarten in menschlicher Obhut die Tür zur Natur unwiderruflich geschlossen. Die in Menschenhand bestehenden Populationen an einst der Natur entnommenen Vögeln schmoren nun im eigenen Saft, ein gefundenes Fressen für die Freunde der „Mutationszuchten". Es ist nun einmal so, dass enge Zuchtlinien die Bereitschaft zu genetisch bedingten Veränderungen fördern, die Domestikation beschleunigen, und so feiern die Züchter in jeder Generation neue Erscheinungsbilder ihrer Vögel.

Bei den afrikanischen Agaporniden war dieser Prozeß schon seit Jahrzehnten im Gange, namentlich das Rosenköpfchen liegt seit vielen Jahren in zahllosen Zuchtformen vor, die es bis zur Unkenntlichkeit verändert haben. Nun aber gibt es auch „Mutationen" des Graupapageien, jenes Flaggvogels der Papageienhaltung, der über Jahrhunderte dem menschlichen Probierwahn widerstanden hat, seiner zerstörerischen Kraft nun aber auch erliegt. Und die südamerikanischen Papageien schließen sich an, besonders bei den zahlreichen von Menschen gepflegten Pyrrhura-Arten treten vermehrt Farbveränderungen auf, freudig begrüßt von den Freunden der „Mutationszucht". Aber was soll man machen? Als Anfang der neunziger Jahre ein Bericht über eine „blaue" Mutation eines Hellroten Aras in der „Gefiederten Welt" erschien, bekam er sogar von hoch anerkannten Fachleuten begeisterte Kommentare mit dem freudigen Bemerken, man habe auch schon einen geeigneten Partner für diesen Vogel gefunden, mit dem die aufgetretene Veränderung züchterisch verfestigt werden könne.

Hinter der erschreckenden Ignoranz gegenüber der Gefahr, die für die Artreinheit des Ara-Bestandes in Menschenobhut von einer solchen Entwicklung ausgeht, steht eine Haltung, die von vielen geradezu als Dogma praktiziert wurde und bis heute das Denken bedeutender Teile der Vogelhalter dominiert. Sie läuft darauf hinaus, dass Vögel, die einmal in Menschenobhut gelandet sind, keine Bedeutung mehr haben für ihre natürliche Art und den natürlichen Bestand. Sie unterliegen Domestikationseinflüssen, denen sie – wie man sieht – früher oder später erliegen, sie sind Haustiere.

So verständlich diese Vorstellung in ihrer Entstehungsgeschichte ist, - am Anfang des 19. Jahrhunderts z. B. galten die Naturbestände noch als „unerschöpflich" und die Haltungsbedingungen waren so schlecht, dass Entfremdung von der natürlichen Lebensweise die absolute Regel war - , so inakzeptabel ist sie aus heutiger Sicht. Heute ist die Erschöpflichkeit der Natur tausendfach erwiesen, mehr als ein Zehntel aller Vogelarten ringt ums Überleben, und andererseits ist die Haltung in Menschenobhut

so hoch entwickelt, dass viele Arten über viele Generationen so erhalten werden können, dass sie auch für Anforderungen der Natur überlebensfähig bleiben. Zahlreiche Wiederansiedlungen von Wildtieren aus Erhaltungszuchtprogrammen belegen das, Hawaiigans und Balistar zeigen, dass das auch mit Vögeln möglich ist. Angesichts dieser Entwicklung ist nicht mehr zu verantworten, die in menschlicher Obhut gepflegten Vögel vom Gesamtbestand ihrer Art auszuschließen. Gemeint sind damit selbstverständlich nur die in ihrer natürlichen Beschaffenheit erhaltenen Vögel, nicht die „ Schauvögel" und ihr riesiges Umfeld.

Aber es werden von Menschen durchaus überlebensfähige Bestände von Vogelarten gehalten, die in ihren Ursprungsregionen hochgradig bedroht sind, Fruchttauben, namentlich Inselformen, Loris, einige Kakaduarten, viele Papageienarten (von denen allerdings ein bedeutender Teil durch Zuchtformen bedroht ist), Fasanen, Tragopane, ja selbst Kraniche!

Bisher wird die Bedeutung dieser Halterbestände fast nur von den Haltern diskutiert, es wird Zeit, dass die Ornithologen diese Möglichkeit erkennen und sich einbringen in ihre Erhaltung und weitere Entwicklung. Der Grundsatz **„Jeder naturbelassene Vogel in menschlicher Obhut ist Teil des Gesamtbestandes seiner Art auf der Welt und als solcher zu schützen"** könnte Ordnung in die Grauzone bringen, in der noch immer unzählige Vögel vieler Arten in die Zucht von menschlichen Phantasieprodukten hineingezogen werden.

Der Verbrauch natürlicher Arten für Zuchtinteressen muß aufhören, nicht nur im Dienste der Arterhaltung, sondern auch in dem Interesse, die Vogelzucht von einem schwerwiegenden Makel zu befreien. .

Es ist schon mehrfach angeklungen, dass der Drang zur Entwicklung von Zuchtformen für das Ausstellungswesen frühzeitig auch die

Prachtfinken erreichte. 1961 wurden erstmals 50 Vögel auf einer Bundesschau gezeigt und bewertet, es dominierten damals die Reisamadinen.

Auf den ersten Blick fällt auf, dass die aktuellen Bewertungsschauen bei Prachtfinken von den Zebrafinken und Gouldamadinen dominiert werden. Für beide Arten sind Standards für unzählige Varianten des Erscheinungsbildes erarbeitet worden, die einen festen Kreis von Züchtern fesseln. Aber die derzeit beschriebenen knapp 100 Formen des Zebrafinken hat noch nie jemand nebeneinander auf einer Ausstellung gesehen, vielleicht auch nicht 50 Formen. Es dominieren immer die Neuzüchtungen und solche, die sich als schwierig erweisen und gegebenenfalls ein paar Jahre bis zu ihrer Vollendung brauchen. Was vor 30 oder 40 Jahren entstanden ist, sieht man kaum noch, der „"Wettbewerb" der Züchter wird an den Neuentwicklungen ausgetragen und ist damit Motor der schrittweisen Ausschöpfung des genetischen Potenzials der Art, - die Schauwellensittichzucht lässt grüßen!

Die Reisamadine, möglicherweise der erste mutierte Prachtfink in europäischen Züchterhänden, hat diesen Weg schon hinter sich. Bei diesem bescheiden gefärbten Vogel gab es nicht viel „aufzuspalten", das ist nun erledigt, und nun geht es nur noch um körperliche Merkmale, um das „kapitale" Tier, und damit fühlen sich erfreulicherweise nicht allzu viele Züchter wohl, und deshalb ist die Reisamadine kein dominierender Vogel auf den Schauen mehr.

Natürlich macht auch bei den Prachtfinken die Zuchtidee vor keiner Art Halt, aber es fällt auf, dass im Vergleich zu den Papageien weniger Arten in diesen Prozeß einfließen bzw. bisher eingeflossen sind, und das Ganze findet auch zeitlich verzögert zur Papageienzucht statt. Das hat vermutlich seine Ursache darin, dass Prachtfinken generell kurzlebiger sind als Papageien.

Die Bestände bei den Züchtern hatten infolge regelmäßiger Verluste an Vögeln, die dann durch Zukäufe ersetzt werden mussten, eine wesentlich intensivere und anhaltende Durchmischung, in die nicht nur der Großteil der von den Züchtern gepflegten Population einfloß, sondern über lange Zeit auch ein regelmäßiger Zustrom von Naturentnahmen, die als Importe nach Deutschland kamen. Die Entstehung enger Verwandschaftszuchtlinien war so fast unmöglich, die genetische Vielfalt der Arten blieb weitgehend erhalten, und die Mutationen als Quellformen der Rassenzucht blieben lange Zeit aus.

Es ist kein Zufall, dass Zebrafink und Gouldamadine, später auch Spitzschwanzamadine und andere australische Vögel (Exportverbot seit 1965!) die ersten waren, die sich für Rassezuchten anboten, während die fortlaufend importierten asiatischen und afrikanischen Prachtfinken zunächst keine Mutationen zeitigten. Mit dem europäischen Importverbot für Wildfänge ist nun für alle in Menschenobhut gepflegten Arten die gleiche Situation eingetreten, wie für die „Australier", und was geschehen wird, wenn man den weiteren Gang der Dinge Brauch und Sitte der traditionellen Vogelzucht überlässt, liegt auf der Hand. Die ersten Beweise dafür, deren es eigentlich nicht bedurft hätte, liegen auf der Hand:

Nach *P. Kaufmann (18)* sind von den 134 Prachtfinkenarten, die das HBW führt, gut 80 haltungsrelevant. Von diesen sind inzwischen für 17 Arten, also mehr als jede fünfte Art (!) – darunter 8 „Australier" – „Mutationen" im Umlauf, für 21 Arten sind Hybriden innerhalb der Gattung, für 8 Arten Hybridisationen über Gattungsgrenzen hinaus bekannt. Die Angaben entsprechen dem Stand Frühjahr 2015 und sind durchweg als Mindestwerte anzusehen, und sie unterliegen einer hohen Dynamik – ausschließlich in einer Richtung! Von mindestens 6 Arten sind sowohl Kreuzungen als auch

„Mutationen" bekannt, es wäre interessant zu erfahren, wie viel Hybridisation sich wohl in der einen oder anderen „Mutation" versteckt, übrigens auch bei solchen, wo Mischlinge nicht ausdrücklich beschrieben sind.

Nicht anders ergeht es den einheimischen Vogelarten, die noch von Vogelliebhabern gehalten und gezüchtet werden. Hier ist es in der Tat so, dass von den einheimischen Finken und Zeisigen ganz überwiegend Zuchtformen gehalten werden, jedenfalls, wenn man dem Eindruck vertraut, der auf Vogelschauen vermittelt wird. Da gibt es den Grünling in braun oder in „lutino" oder anderen Phantasieausführungen, den Stieglitz in weiß oder in „satinett", was immer das sein mag, den Erlenzeisig in „ivor" oder in „doppelpastell" oder den Buchfinken in „opal". Das macht selbstverständlich auch nicht Halt vor den fremdländischen Vertretern der Gattungen Cardueliden und Frigilliden, und so kann man den Magellanzeisig bewundern, dem seine gesamte schwarze Gefiederzeichnung auf gelben Grund weggezüchtet wurde, und der dann „doppelpastell" heißen darf. Der Kapuzenzeisig darf sich das „doppelpastell" auf die gleiche Weise verdienen. Der Dompfaff, dessen herrliches Rot an der Brust nun gelb ist, darf dann aber immerhin auch „gelb" heißen . Keine Art vermag diesem Züchterdrang nach „züchterischer Gestaltung" zu entgehen. Was da geschieht, das unterscheidet sich absolut nicht mehr von der Rassegeflügelzucht, wo es inzwischen auch jede Rasse in jedem erdenklichen Farbschlag gibt. Nur üben sich die Rassegeflügelzucht und andere Formen der Nutztierzucht an Haustieren, und sie mag deshalb unbedenklich sein und bleiben, so lange es den Tieren dabei gut geht. Hier bei den Vögeln aber handelt es sich um züchterische Eingriffe in die Wildform einheimischer Arten, die nach dem Naturschutzgesetz eigentlich „unberührbar" sein

sollen. Es sollte doch eigentlich eine selbstverständliche Folgerung aus den Schutzbestimmungen für unsere einheimischen Vögel sein, dass jedes Exemplar Nachkommen in der evolutionären Identität seiner Art hervorbringt und nicht wie in einem Modesalon jedes Jahr eine neue Farbe. Da haben wir es wieder: Der Vogel, der weg ist aus der Natur und nun beim Menschen lebt, ist dem Naturschutz und dem Artenschutz aus den Augen und damit aus dem Sinn, interessant höchstens noch für den Tierschutz, der aber nichts für den Schutz der Art leistet.

Ohne Anspruch auf Vollständigkeit muß noch der zahlreichen Arten aus anderen Gattungen gedacht werden, die in den Strom der Bewertungszucht geraten sind. Da sind die Täubchen, allen voran das Diamanttäubchen (Australier!), das es wahrscheinlich in der genetischen Wildform in den Züchterbeständen nicht mehr gibt, oder die Wachteln mit der Chinesischen Zwergwachtel an der Spitze, die neben den im Standard beschriebenen Formen in ungezählten Mischformen existiert. Und es gibt auch eine Bewertung für weiße Mandarinenten oder gelbe und andere Goldfasanen, warum auch nicht, wenn es doch eine für weiße Gouldamadinen gibt.

Aber da verlassen wir das Feld der Standardzucht Schritt für Schritt und geraten in eine „Übergangszone", die einer besonderen Besprechung bedarf.

Der Standardzucht in ihrer Reinform, wie sie sich z. B. bei den Schauwellensittichen oder den Kanarien darstellt, muß Gerechtigkeit dahingehend widerfahren, dass sie einer Grundidee des Umgangs des Menschen mit Tieren folgt, die in zehntausend Jahren die ganze Vielzahl der vom Menschen genutzten Tierrassen hervorgebracht hat. Dabei kann kein prinzipieller Unterschied dahin gehend geltend gemacht werden, ob Tiere für das Überleben der Menschheit oder „nur" für kulturelle Zwecke ins Menschenleben einbezogen wurden und werden. So lange Tierzucht für die menschliche Ernährung und andere „Verwendungszwecke" von der Gesellschaft akzeptiert und praktiziert wird, ist sie auch dann konzessioniert, wenn sie „nur" um äußerer Merkmale willen geschieht. Gegenstand solcher gestalterischer Vogelzucht sind vollständig domestizierte Rassen, die mit den Wildformen, aus denen sie irgendwann hervorgegangen sind, so viel zu tun haben, wie ein Broiler mit dem Bankivahuhn. Das ist durchaus keine feindselige Anspielung, sondern eine notwendige Feststellung, mit der klargestellt ist, dass der Standardzucht mit domestizierten Vogelarten keinerlei Artenschutzrelevanz zukommt, sie hat mit dem Schicksal ihrer Ausgangsarten nichts mehr zu tun. (Gleichwohl findet sich in einer führenden deutschen Geflügelzeitschrift in regelmäßigen Abständen die Losung „ Rassezucht ist Arterhaltung!" – schlimmer geht's nimmer.)

Die gesellschaftliche Akzeptanz der Standardzucht von Vögeln als spezielle Form der Rassenzucht wird wesentlich abhängen von der Entwicklung moderner Vorstellungen vom Mensch-Tier-Verhältnis und den praktischen Formen seiner Ausgestaltung. Dabei orientiert sich das Urteil der Menschen – gleichviel, ob Laie oder „Fachmann" - stets zuerst an dem äußerlich Sichtbaren, das als schön oder weniger schön, sinnvoll oder sinnlos, anständig oder unanständig usw. empfunden wird. Aber beim Überwiegen negativer Einzelurteile keimt dann irgendwann die Frage nach der prinzipiellen Sinnhaftigkeit einer Sache wie der Standardzucht, und es besteht Anlaß zu der Annahme, dass die Standardzüchter mit dem Risiko einer solchen Entwicklung recht leichtfertig umgehen.

Ich glaube, dass die als Hobby betriebene Zucht von Vogelrassen mit dem Ziel, definierte Erscheinungsformen zu ihrer Vollendung zu bringen, erhalten werden sollte. Aber die Standardzüchter müssen sich der „Nebenwirkungen" ihres Tuns bewusst werden. Das traditionslastige Ausstellungs- und Meisterschaftswesen mag dabei das kleinste Übel sein. Aber zwei andere Wirkungen verdienen, einmal sorgfältiger hinterfragt zu werden: Zum Einen: Der Drang nach ständig Neuem in der Zucht macht auch vor der Erzeugung von extremen Zuchtformen nicht halt, die die Frage nach dem Sinn von Vogelzucht und dem Erlaubtsein ihrer „Leistungen" auf den Plan rufen und letztlich ethisch und rechtlich (Tierschutz!) nicht zu akzeptieren sind.

Zum Anderen: Die Wirkung des Zuchtwettbewerbs auf die Züchter besteht eben auch darin, dass statt der Vollendung bestehender Zuchtformen lieber die Schaffung immer neuer Formen aus natürlichen Arten betrieben wird. Das ist inzwischen oftmals leichter und eröffnet die Möglichkeit, nicht nur irgend einen Siegerpokal zu erringen, sondern mit der Kreation einer neuen Rasse in die „hall of fame" der Vogelzucht aufgenommen zu werden. Dem damit verbundenen Zugriff auf praktisch alle Vogelarten, die in Menschenhand gelangen, stellt die Standardzucht nicht nur nichts entgegen, sondern sie befördert sie mit Nachdruck, weil sie den Ausstellungen mehr Teilnehmer bringen und vom unbedarften Teil der Besucher auch mit positivem Erstaunen zur Kenntnis genommen werden.

Daß ein Vogel auch eine andere Bestimmung haben könnte, als von Vogelzüchtern zu irgendwelchen Phantasiebildern umgezüchtet zu werden, das steht dem Standardzuchtideal so diametral entgegen, dass es per ungeschriebener Übereinkunft aus dem Denken ausgeschlossen ist.

Um so dringender ist es, darüber zu reden.

14. UND NUN?

Am Ende eines langen Gedankenweges durch die Welt der Exotenhaltung sind wir nicht am Ziel! Wenigstens, soweit wir die Erwartung gehabt haben sollten, die Konflikte um die Vogelhaltung und Vogelzucht beschönigen oder entschärfen zu können. Es dürfte deutlich geworden sein, dass die Argumentation der Gegner der Haltung exotischer Tiere den Tieren wenig und der Erhaltung der natürlichen Vielfalt praktisch nichts gebracht hat.

Und der Vogelzucht, namentlich den sie vertretenden Verbänden, kann ein besseres Zeugnis auch nicht ausgestellt werden.

Die Realität sieht doch so aus: Ein Verbot von Naturentnahmen lebender Tiere, das zurecht als großes Verdienst der deutschen Gesetzgebung gefeiert wird, haben wir schon lange, und es wird weitgehend eingehalten (Kriminalität gibt es in jeder Sache). Die Bestände an den meisten heimischen Vogelarten nehmen trotzdem kontinuierlich ab, Gegenbeispiele wie der Kranich oder der Kolkrabe sind das Ergebnis strenger Schutzbemühungen, mit Naturentnahmen für Haltungszwecke hatten diese Arten aber eh nie etwas zu tun. Ein Verbot der Einfuhr von Vogelwildfängen haben wir seit rund 10 Jahren, und auch das funktioniert gut. Aber in einigen traditionellen Vogelfangregionen in Asien und Afrika (Graupapgei!) wütet der Vogelfang schlimmer als je zuvor, ein Einfluß dieses europäischen Importverbots auf diese Katastrophe ist vollständig ausgeblieben. Freilich ist das Verbot von Wildfängen für den Handel und Privatbesitz grundsätzlich richtig, aber die Erwartung, dass sich damit in den traditionellen Entnahmeländern etwas ändert, ist einfach irrig und der vorweggenommene Schluß, dass der Artenrückgang dort durch Vogelhaltung in Europa verschuldet sei, erweist sich als unsinnig. Deshalb kann von dem eifrigen Bemühen bestimmter gesellschaftlicher Kräfte, die Haltung exotischer Vögel immer weiter zu erschweren und schließlich unmöglich (unzulässig) zu machen, keine positive Wirkung auf das Schicksal der Arten in der Welt erwartet werden. Dieses Bemühen ist in vielen Fällen längst nicht mehr das Ergebnis höherer Einsichten, sondern Teil eines politischen Lobbyismus, dem das Schicksal der Lebensvielfalt dieser Welt nicht Ziel ihres Wirkens, sondern Kampffeld von Gruppeninteressen ist. Positivlisten, die regeln, welche Arten gehalten werden dürfen und Negativlisten, die vorschreiben, welche Arten nicht gehalten werden dürfen, sind eine moralische Katastrophe. Es werden in Deutschland an die 1.000 Vogelarten gehalten, von diesen würden Hunderte zu „Spezies non grata", unbeschadet der Tatsache, dass sie in ihrem natürlichen Verbreitungsgebiet bedroht sind. Das ist unerträglich! Und das vollständige Verbot der Haltung exotischer Tiere, das zu fordern sich der Deutsche Tierschutzbund hergibt, ist so offensichtlich klientelbezogen, dass man seine Sachlichkeit nicht aufwändig hinterfragen muß. Das „millionenfache" Leid von Vögeln in Menschenobhut, das zur Begründung dieser Forderung herhalten muß, ist schlicht falsch gezählt! Und es leiden in diesem Lande auch Tausende von Hunden, Meerschweinchen, Kaninchen in skandalösen Haltungen, sogar Katzen, die Hätscheltiere des deutschen Tierschutzes. Warum will die niemand abschaffen?

Weil sie eine Lobby haben, mit der sich keiner gerne anlegt. Warum die Vogelzüchter nicht einen solchen Schutz genießen, weiß ich nicht, aber größer als die Zucht von Nackthunden und Faltenhunden und Nacktkatzen ist ihr Verschulden jedenfalls auch nicht.

Nein, so wird das nichts!

Die Erkenntnisse, die vor drei oder vier Jahrzehnten die Argumente des Arten- und Tierschutzes gegen die Haltung exotischer Tiere entstehen ließen, sind von der tatsächlichen Entwicklung in der Welt überholt, widerlegt, außer Kraft gesetzt. Die Vogelwelt dieser Erde (das ganze Leben auf der Erde) ist nicht zu retten durch Halteverbote oder die Abschaffung der Vogelzucht. Das kann jeder wissen, wenn er die Kraft aufbringt, vorurteilfrei auf die Tatsachen zu schauen. Er wird sich dann der Erkenntnis nicht verweigern können, dass es Zeit ist für einen neuen Umgang mit der Haltung exotischer Tiere in Menschenobhut im Allgemeinen und der Vogelzucht im Speziellen.

Der Artenschutz darf nicht länger die Arten vor den Haltern schützen wollen, die keine Gefahr für die Arten darstellen. Die Halter müssen ihre Verantwortung begreifen für das höchste Gut, das sie mit dem lebendigen Geschöpf verwalten. Und beide müssen endlich zu der Einsicht gelangen, dass der Gegenstand Ihrer Mühen, der Vogel, in der Natur und in der Voliere den gleichen Wert hat und den gleichen Schutz verdient.

Die traditionelle Vogelzucht mit dem Ziel der Erzeugung von Rassen im Zuchtwettbewerb hat ihren ständigen Zugriff auf Naturformen der verschiedensten Arten konsequent zu unterlassen. Das ist der einzige Beitrag, den sie zur Erhaltung der Arten leisten kann. Im Übrigen soll sie tun, was sie seit Jahrhunderten tut, nämlich Vögel erzeugen, die Menschen Freude bringen und dabei selber glücklich sind, und sich endlich einen moralischen Kodex schaffen, in dessen Schutz die Vögel sicher sind vor Auswüchsen von Menscheninteressen.

Und der Tierschutz möge über alledem wachen mit dem Vorsatz zu verhindern, dass ein einziger Vogel Leid erfährt.

Eben, da diese letzten Zeilen dieses Textes zu Papier gebracht werden, ist der Bericht über den Erdüberlastungstag 2016 erschienen. Wir haben bis zum 8. August 2016 von der Welt alles genommen und ihr alles zugemutet, was im Interesse des Überlebens dieser Welt im ganzen Jahr maximal zulässig gewesen wäre. Praktisch ein Drittel des Jahres leben nun siebeneinhalb Milliarden Menschen mit ersatzlosem Verschleiß der Bedingungen für das Leben, die unsere Erde bietet. Nach offiziellen Prognosen werden es bis zum Jahre 2050 weitere drei Milliarden Menschen mehr sein, der Verschleiß wird inflationäre Dimensionen annehmen, und man mag nicht weiter denken. Man kann es auch gar nicht, es fehlt einem an Vorstellungskraft.

Ein Innehalten, eine Umkehr gar auf dem irrsinnigen Weg immerwährenden Wachstums ist nicht in Sicht und erscheint angesichts der Zerstrittenheit der Welt als geradezu unmöglich. Dann werden sich die Menschen, die das Risiko dieser Entwicklung ganz gelassen jenseits ihrer Lebensspanne und der ihrer Kinder sehen, möglicherweise sehr getäuscht haben. Etwas anderes als eine rasche Zunahme des Tempos des Verbrauchs der natürlichen Resourcen und der Zerstörung der natürlichen Gegebenheiten auf der Erde kann derzeit jedenfalls nicht vorausgesagt werden.

Was hat es dann überhaupt für einen Sinn, über das Verhältnis des Menschen zum Tier, zum Vogel nachzudenken und sich moralische Regeln aufzuerlegen?

In der Tat gehen alle Bemühungen für das Wohl von Tieren in menschlicher Obhut oder die Erhaltung von Arten in menschlicher Obhut davon aus, dass es eine Welt gibt, in der wir gemeinsam leben können. Aber gerade die ist existentiell bedroht. Deshalb kann und darf eine Tierethik sich nicht auf das Wohl von Individuen oder von Arten beschränken, sondern muß sich zwingend dem Leben als Ganzes auf dieser Erde zuwenden. Ihre Glaubwürdigkeit und Sinnhaftigkeit hängt nicht davon ab, ob und welche exotischen Tiere von Menschen gehalten werden dürfen, wie lang Hundeleinen sein müssen oder wie oft Katzen geimpft und kastriert werden, sondern davon, wie und was sie leistet für den Fortbestand des Lebens in seiner Vielfalt.

Die Welt braucht keine Rechthabereien und Kleinkriege um irgendwelche Randerscheinungen der Mensch-Tier-Beziehung, sondern einen Aufstand des Gewissens gegen die Gier der Wachstumsgesellschaft, sonst könnte ihr der Gegenstand moralischen Nachdenkens, Natur, Pflanzenwelt und Tierwelt, verloren gehen oder nichtig werden. Macht endlich Frieden und tut gemeinsam etwas! Wenn ich ein Vöglein wär' .... würde mir die Gnade zuteil, dass in meinem Gehirn der Quantensprung nicht stattgefunden hat, der mich dies alles hätte verstehen lassen. Wenn ich ein Vöglein wäre, würde ich tun, was ich seit Millionen von Jahren tue, einen Ort suchen, an dem ich überleben kann. Und wenn ich den nicht finde, werde ich vergehen, ohne eine Spur zu hinterlassen.

'WENN ICH EIN VÖGELEIN WÄR',
FLÖG ICH...
...WOHIN..?
...ZU DIR..?
...ZU EUCH..?
..WO SEID IHR..?
...VERNUNFT..?
...VERANTWORTUNG..?
...ZUVERSICHT..?

QUELLEN

(1) Albus, Anna „Von seltenen Vögeln" , S. Fischer Verlag GmbH Frankfurt / Main 2005.

(2) Asmus,J., Lantermann, W. „Australische Sittiche", Oertel +Spörer 2012, Seite 33.

(3) Asmus, J. „Graupapgeien – beunruhigende Entwicklung" in Gefiederte Welt 3/2016.

(4) Aubele, Michaela „Genetik für Ahnungslose", S. Hirzel Verlag Stuttgart 2007.

(5) Barthels,Th., Cramer,K., Wolf,P., Hässig,M., Boos,A. "Osteological Examinationson the Budgerigar (*Melopsittacus undulates* Shaw 1805) with special Reference to Skeletal Alterations Conditioned by Breeding ", Anat. Histol. Embryol. 38 (2009) S. 262 - 269.

(6) Birkhead, Tim „Der rote Kanarienvogel oder die Rolle der Vogelhaltung in der Ornithologie", Gefiederte Welt 1/2003, Seite 20/21.

(7) Brecht, B. Dreigroschenoper.

(8) v. Bronsat, J.-Chr., Hauskatzen, ein Problem für Vogelfreunde, Gefiederte Welt 1/2016-08-12.

(9) Coleman, zitiert bei v. Bronsat , siehe (8).

(10) Gewalt, Wolfgang, „Was soll das heißen- „artgerecht"?, in „ Der Gerechte erbarmt sich seines Viehs – Stimmen zur Mitgeschöpflichkeit", Hrsg. Eberhard Röhrig, Neukirchener.

(11) Haag-Wackernagel, Daniel, „Die Taube", Schwabe & Co.AG, Verlag, Basel 1998.

(12) Habermas, J. Die Herausforderung der ökologischen Ethik für eine anthropozentrisch ansetzende Konzeption. In „Naturethik", Hrsg. Angelika Krebs, Suhrkamp Verlag Frankfurt / Main 1997.

(13) Harari, Y.N. , Eine kurze Geschichte der Menschheit, Deutsche Verlags-Anstalt, 2. Auflage 2013.

(14) Hursthouse, Rosalind, „Die Anwendung der Tugendethik auf unsere Behandlung der anderen Tiere", in „Texte zur Tierethik" Hrsg. Ursula Wolf, Philipp Reclam jun. Stuttgart 2008.

(15) Jancovic, Bojana, „Vogelzucht und Vogelfang in Sippar im 1 Jahrtausend v. Chr." Ugarit-Verlag, Münster 2004.

(16) Jonas, H. „Prinzip Verantwortung – Zur Grundlegung einer Zukunftsethik, in „ Naturethik", Hrsg. Angelika Krebs, Suhrkamp Verlag Frankfurt / Main 1997.

(17) v. Kamp, (Übersetzung von M. Handschuh) „Weltweiter Bestandszusammenbruch bei einer extrem häufigen Zugvogelart und illegaler Vogelfang in China", ZGAP Mitteilungen 2 - 2015.

(18) Kaufmann, P. Systematik der Famaile der Prachtfinken (Estrildidae) nach HBW, nicht veröffentlicht

(19) Kemper, Anne, Unverfügbare Natur, Campus Verlag GmbH Frankfurt / Main 2001.

(20) Kneule, W. Kulturvögel Finkenmischlinge, Lehrschrift des Deutschen Kanarienzüchter- Bundes e.V., Hanke Verlag GmbH, 1998.

(21) Krautwald-Junghans, M.-E., Emmelmann, S., Pees, M., Barthels, Th. „Vergleichende Untersuchungen am Bewegungsapparat von gebogenen Positur- und Farbkanarien „ Vet. Med. Austria / Wien. Tierärztliche Monatsschrift 90 (2003) S. 211-219.

(22) Lepperhoff, L. persönlicher Gedankenaustausch.

(23) Lepperhoff, L. Der Ruf des Kongopfaus, Filander Verlag 2009.

(24) Luther, Ernst, „Albert Schweitzer, Ethik und Politik" Karl Dietz verlag, Berlin 2010, Seite 46/47.

(25) Mayr, E. „Das ist Evolution", Wilhelm Goldmann Verlag München 2005.

(26) Müller, Chr., „Der wahre Mensch fühlt sich als Bruder der Geschöpfe" – Tierethische Reflexionen in Albert Schweitzers Ethik der Ehrfurcht vor dem Leben, Jahrbuch 2009 für die Freunde von Albert Schweitzer.

(27) Neff, R. „Ein Kleinod – der Einsiedlerlori", Gefiederte Welt 4 / 2008.

(28) Nicolai, J., Steinbacher, J. (Hrsg.) „Handbuch der Vogelpflege – Prachtfinken – Australien, Ozeanien, Südostasien" Eugen Ulmer GmbH & Co 2001, Seite 94

(29) Papst Franziskus, Laudato si', Über die Sorge um das gemeinsame Haus, Katholisches Bibelwerk GmbH, Stuttgart 2015.

(30) Poley, Dieter, „Gefangenschaft" oder...?", in Zool. Garten N.F. Jena **53** (1983) Seiten 68 – 72.

(31) Poley, Dieter, „Bemerkungen zur Sprache der Tiergärtnerei" (32) Precht, Richard-David, „Erkenne die Welt – Eine Geschichte der Philosophie", Goldmann, München 2015, Seite 288.

(33) Regan, T. „Wie man Rechte für Tiere begründet", in Texte zur Tierethik, Hrsg Ursula Wolf, Philipp Reclam jun. Stuttgart 2008.

(34) Richter,T., Kunzmann, P., Hartmann, Susanne, Blaha,T. „Wildtiere in Menschenhand" Deutsches Tierärzteblatt 11/2012.

(35) Robiller, F. „Käfige und Volieren in Haus und Garten", Deutscher Landwirtschaftsverlag, Berlin 1983

(36) Schmidt, H. Hühner und Zwerghühner, Ulmer, Stuttgart, 1999.

(37) Schneider, B. „Als die Wellensittiche nach Europa kamen" , Eigenverlag, 2005.

(38) Schöne, R. „Gedanken über den Schau-Wellensittich", Wellensittich-Magazin 6, Heft 12 1991.

(39) Schweitzer, Albert, „Die Entsehung der Lehre der Ehrfurcht vor dem Leben und ihre Bedeutung für unsere Kultur", Ausgewählte Werke in fünf Bänden, Band 5, Seite 172 ff Union Verlag.

(40) Schweitzer, Albert, „Das Problem der Ethik in der Höherentwicklung des menschlichen Denkens", ebenda S. 143 ff.

(41) Seel, M. „Ästhetische und moralische Anerkennung der Natur", in „Naturethik", Hersg. Angelika Krebs, Suhrkamp Verlag Frankfurt / Main 19976.

(42) Singer, Peter, „Rassismus und Speziesismus" , in „Texte zur Tierethik", Hrsg. Ursula Wolf, Philipp Reclam jun. Stuttgart 2008.

(43) Stresemann, Erwin, „Die Entwicklung der Ornithologie von Aristoteles bis zur Gegenwart", Reprint der 1. Auflage (Peters, Berlin 1951) Aula Verlag Wiesbaden 1996.

(44) Strunden, Hans „Alexandersittiche – die klassischen Papageien und Wegbereiter der Papageienkunde", Horts Müller Verlag Walsrode, 1992.

(45) Strunden, Hans, „Papageien einst und jetzt", Horst Müller Verlag Walsrode, 1984.

(46) Sezgin, Hilal, „Artegerecht ist nur die Freiheit" Verlag c.-H. Beck oHG, München 2014.

(47) Vins, Th.. „Das Wellensittichbuch" 3. Auflage 2008, Vereinigung für Artenschutz, Vogelhaltung und Vogelzucht.

(48) Wirth, R. Krieg um Vögel, ZGAP – Mitteilungen 2/2014 (49) Zoologischer Zentralanzeiger 6 / 2016, s. 50ff.

Dank

Dieses Büchlein wäre nicht zustande gekommen ohne das Drängen und die fortlaufende Ermutigung durch zahlreiche Freunde und Bekannte, wofür ich herzlich danke. Für guten Rat und die Bereitstellung von Bildern danke ich Dietmar Schmidt, Klaus-Dieter Dittmann, Hubert Jütten, Manfred Kästner, Franz Robiller, Franz Pfeffer, Norbert Kirstein und der Klinik für Vögel und Reptilien an der Universität Leipzig (Direktorin Frau Prof. Dr. M.-E.Krautwald-Junghanns).

Herzlich danke ich Herrn Hans-Josef Christ dafür, dass er mit seinem Verlag die Herausgabe des Buches übernommen hat sowie Frau Susanne Blomenkamp für die kreative Erstellung der Druckvorstufe.

Ernst Günther